中國古代鹽運聚落與建築研究叢書

国家出版基金项目
NATIONAL PUBLICATION FOUNDATION

中国古代盐运聚落与建筑研究丛书

丛书主编 赵逵

四川盐运古道上的聚落与建筑

赵逵 方婉婷 著

四川大学出版社
SICHUAN UNIVERSITY PRESS

图书在版编目（CIP）数据

四川盐运古道上的聚落与建筑 / 赵逵，方婉婷著
. 一 成都：四川大学出版社，2023.9
（中国古代盐运聚落与建筑研究丛书 / 赵逵主编）
ISBN 978-7-5690-6338-7

Ⅰ．①四… Ⅱ．①赵… ②方… Ⅲ．①聚落环境－关
系－古建筑－研究－四川 Ⅳ．① X21 ② TU-092.2

中国国家版本馆 CIP 数据核字（2023）第 173522 号

书　　名：四川盐运古道上的聚落与建筑
　　　　　Sichuan Yanyun Gudao Shang de Juluo yu Jianzhu
著　　者：赵　逵　方婉婷
丛 书 名：中国古代盐运聚落与建筑研究丛书
丛书主编：赵　逵

出 版 人：侯宏虹
总 策 划：张宏辉
丛书策划：杨岳峰
选题策划：杨岳峰
责任编辑：李畅炜
责任校对：梁　明
装帧设计：墨创文化
责任印制：王　炜

出版发行：四川大学出版社有限责任公司
　　　　　地址：成都市一环路南一段 24 号（610065）
　　　　　电话：（028）85408311（发行部）、85400276（总编室）
　　　　　电子邮箱：scupress@vip.163.com
　　　　　网址：https://press.scu.edu.cn
审 图 号：GS（2023）3826 号
印前制作：成都墨之创文化传播有限公司
印刷装订：四川宏丰印务有限公司

成品尺寸：170 mm×240 mm
印　　张：13.75
字　　数：213 千字

版　　次：2023 年 9 月 第 1 版
印　　次：2023 年 9 月 第 1 次印刷
定　　价：96.00 元

扫码获取数字资源

四川大学出版社
微信公众号

序一

"文化线路"是近些年文化遗产领域的一个热词，中国历史悠久，拥有丝绸之路、茶马古道、大运河等众多举世闻名的文化线路，古盐道也是其中重要一项。盐作为百味之首，具有极其重要的社会价值，在中华民族辉煌的历史进程中发挥过重要作用。在中国古代，盐业经济完全由政府控制，其税收占国家总体税收的十之五六，盐税收入是国家赈灾、水利建设、公共设施修建、军饷和官员俸禄等开支的重要来源，因此现存的盐业文化遗产也非常丰富且价值重大。

正因为盐业十分重要，中国历史上产生了众多的盐业文献，如汉代《盐铁论》、唐代《盐铁转运图》、宋代《盐策》、明代《盐政志》、《清盐法志》、近代《中国盐政史》等。与此同时，外国学者亦对中国盐业历史多有关注，如日本佐伯富著有《中国盐政史研究》、日野勉著有《清国盐政考》等。遗憾的是，既往的盐业研究主要集中在历史、经济、文化、地理等单学科领域，而从地理、经济等多学科视角对盐业聚落、建筑展开综合研究尚属空白。

华中科技大学赵逵教授带领研究团队多次深入各地调研，坚持走访盐业聚落，测绘盐业建筑，历时近二十年。他们详细记录了每个盐区、每条运盐线路的文化遗产现状，绘制了数百张聚落和建筑的精准测绘图纸。他们还运用多学科研究方法，对《清盐法志》所记载的清代九大盐区内盐运聚落与建筑的分布特征、形态类别、结构功能等进行了系统研究，深入挖掘古盐道所蕴含的丰富历史信息和文化价值。这其中，既有纵向的历时性研究，也有横向的对比研究，最终形成了这套"中国古代盐运聚落与建筑研究丛书"。

"中国古代盐运聚落与建筑研究丛书"全面反映了赵逵教授团队近二十年的实地调研成果，并在此基础上进行了理论探讨，开辟了中国盐业文化遗产研究的全新领域，具有很高的学术研究价值和突出的社会效益，对于古盐道沿线相关聚落和建筑文化遗产的保护也有重要的促进作用，值得期待。

（汪悦进：哈佛大学艺术史与建筑史系洛克菲勒亚洲艺术史专席终身教授）

2023 年 9 月 20 日

　　人的生命体离不开盐，人类社会的演进也离不开盐的生产和供给，人类生活要摆脱盐产地的束缚就必须依赖持续稳定的盐运活动。

　　古代盐运道路作为一条条生命之路，既传播着文明与文化，又拓展着权力与税收的边界。中国古盐道自汉代起就被官方严格管控，详细记录，这些官方记录为后世留下了丰富的研究资料。我们团队主要以清代各盐区的盐业史料为依据，沿着古盐道走遍祖国的山山水水，访谈、拍照、记录无数考察资料，整理形成这套充满"盐味"的丛书。

　　古盐道延续数千年，与我国众多的文化线路都有交集，"茶马古道也叫盐茶古道""大运河既是漕运之河，也是盐运之河""丝绸之路上除了丝绸还有盐"，这样的叙述在我们考察古盐道时常能听到。从世界范围看，人类文明的诞生地必定与其附近的某些盐产地保持着持续的联系，或者本身就处在盐产地。某地区吃哪个地方产的盐，并不是由运输距离的远近决定的，而是由持续运输的便利程度决定的。这背后综合了山脉阻隔、河运断续、战争破坏等各方面因素，这便意味着，吃同一种盐的人有更频繁的交通往来、更多的交流机会与更强的文化认同。盐的运输跨越省界、国界、族界，食盐如同文化的显色剂，古代盐区的分界与地域文化的分界往往存在若明若暗的契合关系。因为文化的传播范围同样取决于交通的可达范围，盐的运输通道同时也是文化的传播通道，盐的运销边界也就成为文化的传播边界，从"盐"的视角出发，可以更加方便且直观地观察我国的地域文化分区。

另外，盐的生产和运输与许多城市的兴衰都有密切关系。如上海浦东，早期便是沿海的重要盐场。元代成书的《熬波图》就是以浦东下沙盐场为蓝本，书中绘制的盐场布局图应是浦东最早的历史地图，图中提到的大团、六灶、盐仓等与盐场相关的地名现在依然可寻。此外，天津、济南、扬州等城市都曾是各大盐区最重要的盐运中转地，盐曾是这些城市历史上最重要的商品之一，而像盐城、海盐、自贡这些城市，更是直接因盐而生的。这样的城市还有很多，本丛书都将一一提及。

盐的分布也带给我们一些有趣的地理启示。

海边滩涂是人类晒盐的主要区域，可明清盐场随着滩涂外扩也在持续外移。滩涂外扩是人类治理河流、修筑堤坝等原因造成的，这种外扩的速度非常惊人。如黄河改道不过一百多年，就在东营入海口推出了一座新的城市。我从小生活在东营胜利油田，四十年前那里还是一望无际的盐碱地，只有"磕头机"在默默抽着地底的石油。待到研究《山东盐法志》我才知道，我生活的地方在清代还是汪洋一片，早期的盐场在利津、广饶一带，距海边有上百里地，而东营胜利油田不过是黄河泥沙在海中推出的一座"天然钻井平台"，这个平台如今还在以每年四千多亩新土地的增速继续向海洋扩张。同样的地理变迁也发生在辽河、淮河、长江、西江（珠江）入海口，盐城、下沙盐场（上海浦东）、广州等产盐区如今都远离了海洋，而江河填海区也大多发现了油田，这是个有意思的现象，盐、油伴生的情况也同样发生在内陆盆地。

盐除了存在于海洋，亦存在于所有无法连通海洋的湖泊。中国已知有一千五百多个盐湖，绝大多数分布在西藏、新疆、青海、内蒙古等地人迹罕至的区域，胡焕庸线以东人类早期大规模活动地区的盐湖就只剩下山西运城盐湖一处，为什么会这样？因为所有河流如果流不进大海，就必定会流入盐湖，只有把盐湖连通，把水引入海洋，盐湖才会成为淡水湖（海洋可理解为更大的盐湖）。人类和大型哺乳动物都离不开盐，在人类早期活动区域原本也有很多盐湖，如古书记载四川盆地就有古蜀海，但如今汇入古蜀海的数百条河流都无一例外地汇入长江入海，古蜀海消失了；同样的情景也发生在两湖盆地，原本数百条河流汇入古云梦泽，而如今也都通过长江流入大海，古云梦泽便消失了；关中盆地（过去有盐泽）、南阳盆地等也有类似情况。这些盆地现今都发现蕴藏有丰富的盐业资源和石油资源，推测盆地早期是海洋环境（地质学称"海相盆地"），那么这些盆地的盐湖、盐泽哪里去了？地理学家倾向于认为是百万至千万年前的地质变化使其消失的，可为什么在人类活动区盐湖都通过长江、黄河、淮河等河流入海了，而非人类活动区的盐湖却保存了下来？实际上，在人类数千年的历史记载中，"疏通河流"一直都是国家大事，如对长江巫山、夔门和黄河三门峡，《水经注》《本蜀论》《尚书·禹贡》中都有大量人类在此导江入海的记载，而我们却将其归为了神话故事。从卫星地图看，这些峡口也是连续山脉被硬生生切断的地方，这些神话故事与地理事实如此巧合吗？如果知晓长江疏通前曾因堰塞而使水位抬升，就不难解释巫山、奉节、巴东一带的悬棺之谜、悬空栈道之谜了。有关这个问题，本丛书还会有所论述。

　　盐、油（石油）、气（天然气）大多在盆地底部或江河入海口共生，海盐、池盐的生产自古以日晒法为主，而内陆的井盐却是利用与盐共生的天然气（古称"地皮火"）熬制，卤井与火井的开采及组合利用，充分体现了我国古人高超的科技智慧，这或许也是中国最早的工业萌芽，是前工业时代的重要遗产，值得深度挖掘。

　　本丛书主要依据官方史料，结合实地调研，对照古今地图，首次对我国古代盐道进行大范围的梳理，对古盐道上的盐业聚落与盐业建筑进行集中展示与研究，在学科门类上，涉及历史学、民族学、人类学、生态学、规划学、建筑学以及遗产保护等众多领域；在时间跨度上，从汉代盐铁官营到清末民国盐业经济衰退，长达两千多年。开创性、大范围、跨学科、长时段等特点使得本丛书涉及面很广，由此我们在各书的内容安排上，重在研究盐业聚落与盐业建筑，而于盐史、盐法为略，其旨在为整体的研究提供相关知识背景。据《清史稿》《清盐法志》记载，清代全国分为十一大盐区：长芦、奉天（东三省）、山东、两淮、浙江、福建、广东、四川、云南、河东、陕甘。因东北在清代地位特殊，长期实行"盐不入课，场亦无纪"，而陕甘土盐较多，盐法不备，故这两大盐区由官府管理的盐运活动远不及其他九大盐区发达，我们的调研收获也很有限，所以本丛书即由长芦等九大盐区对应的九册图书构成。关于盐区还要说明的是，盐区是古代官方为方便盐务管理而人为划定的范围，同一盐区更似一种"盐业经济区"，十一大盐区之外的我国其他地区同样存在食盐的产运销活动，只是未被纳入官方管理体制，其"盐业经济区"还未成熟。

十八年前，我以"川盐古道"为研究对象完成博士论文而后出版，在学界首次揭开我国古盐道的神秘面纱，如今，我们将古盐道研究扩及全国，涉及九大盐区，首次将古人的生活史以盐的视角重新展示。食盐运销作为古代大规模且长时段的经济活动，对社会政治、经济、文化产生了深远的影响。古盐道研究是一个巨大的命题，我们的研究只是揭开了这个序幕，希望通过我们的努力，能够加深社会公众对于中国古代盐道丰富文化内涵的认知和对于盐运与文化交流传播关系的重视，促进古盐道上现存传统盐业聚落与建筑文化遗产的保护，从而推动我国线性文化遗产保护与研究事业的进步。

于哈佛

2023 年 8 月 22 日

QIAN
YAN

四川盐区是清代全国十一大盐区（长芦、奉天、山东、两淮、浙江、福建、广东、四川、云南、河东、陕甘）中最为特殊的存在，其生产的井盐源自数百甚至上千米的地下，利用天然气熬制，销售范围覆盖甚广，辐射川、鄂、滇、黔、湘、陕六省，其盐运活动与中国古代西南地区的发展有着密不可分的联系。笔者团队对中国古代盐运的研究就是从四川起步的，2004年我们开始持续在四川盐区调研，并陆续将研究成果结集为《历史尘埃下的川盐古道》《川鄂古盐道》《川盐古道——文化线路视野中的聚落与建筑》三部专著和多篇学术文章。即使研究成果已成规模，但四川盐运还有很多待研究之处，于是近几年我们继续深挖，期待能给一直关注"川盐古道"的人们呈现更加独特的发现。功不唐捐，在国家出版基金的支持下，《四川盐运古道上的聚落与建筑》这本书得以面世。希望这本小书能够吸引更多的人关注四川古盐道这条"文化线路"。

前
言

本书的特色主要体现在以下三个方面：

首先，笔者根据清代和民国时期的官方志书，结合多次实地采访，全面梳理了四川古盐道的线路。笔者通过近年来国家支持开发的中华古籍资源库，认真阅读官方资料如清光绪《四川盐法志》、民国《川盐纪要》等，再结合实地踏访，对四川盐运线路、产盐地等进行了深入研究，并补充了之前缺失的川北地区盐运线路和川盐销陕的线路等内容，期望给读者展示最系统全面的"川盐古道"。

其次，笔者通过大量历史地图与现今地图的对比，揭示出川盐古道沿线盐业聚落的空间形态演变特点。多年来我们团队搜集到一系列珍贵的四川历史地图，从古今地图对比中我们概括出产盐聚落中盐井对聚落形成的决定性作用，运盐聚落中盐道对聚落格局的关键影响等结论，为四川盐运活动作用于当地聚落添上了强劲且生动的注脚。

最后，深入研究四川井盐生产技术及生产建筑，展示其珍贵的文化遗产价值。古代四川的井盐生产技术独特而先进，其小口井开凿、天然气熬盐，尤其是世界最早的人工超千米钻井技术均是中国工业史上的奇迹。川盐独特的生产技术也造就了四川产盐聚落独特的生产空间和独特的生产建筑，本书将对此进行深入研究与全面展示。

本书能够出版，首先应该感谢赵逵工作室的全体成员，是大家的共同努力和研究积累，丰富和充实了本书内容。特别要感谢张钰老师，她在团队实地调研过程中给予了全方位的后勤支持，在书稿策划、出版协调过程中付出了大量的精力和心血。对赵雨欣同学在地图整理与信息标示方面付出的努力，在此也一并致谢。

"川盐"是一个涉及社会科学和自然科学的宏大命题，它不仅纵向贯穿了四川地区的发展史，还横向影响到周边黔、鄂、滇、湘、陕等诸多地区的发展，具有重大的研究价值。本书希望通过对川盐古道上盐业聚落与建筑的梳理，展现和丰富川盐古道的文化内涵，突出其线性文化遗产的珍贵价值，吸引更多的社会公众共同参与保护川盐古道。

第一章
四川盐业概述

003　第一节　四川盐区概况
013　第二节　四川盐业管理
019　第三节　四川盐商及其活动

第二章
四川盐运分区与盐运古道线路

024　第一节　四川盐运分区
030　第二节　四川盐运古道线路

第三章
四川盐运古道上的聚落

050　第一节　产盐聚落
065　第二节　运盐聚落

189

附录

190　附录一　四川盐区部分盐业聚落
　　　　　　　图表

199　附录二　清代四川井盐生产过程
　　　　　　　一览

203

参考文献

目录

087

第四章
四川盐运古道上的建筑

088　第一节　盐业官署

100　第二节　制盐建筑

122　第三节　盐商宅居

137　第四节　盐商书院

141　第五节　盐业会馆

162　第六节　四川盐运古道沿线建筑
　　　　　　　建造特色分析

181

第五章
四川盐运活动的影响与启示

182　第一节　四川盐运分区与建筑文化分区

184　第二节　四川盐运古道的现实价值

第一章

四川盐业概述

本书所探讨的清代四川盐区（见图1-1），据光绪《四川盐法志》及相关资料记载，包括清代的四川省大部（西至打箭炉止，今川西大部分地区不包含在内）①、湖北八州县（建始县、长乐县、恩施县、宣恩县、来凤县、利川县、咸丰县及鹤峰州）②、云南两府一州（昭通府、东川府及镇雄州）③和贵州省大部（黎平府除外，清代黎平府范围大致包括今黎平县、榕江县、锦屏县及从江县部分地区）。

图1-1　清代全国九大盐区范围及四川盐区主要区域与重要盐场位置示意图④

---

① 因本书以清代四川盐区为研究对象，故书中如无特殊说明，提到四川、四川省、四川地区时均包含重庆在内。括注中提及的打箭炉即今康定。

② 大致相当于今建始县、五峰县、恩施市、宣恩县、来凤县、利川市、咸丰县、鹤峰县。

③ 昭通府、镇雄州范围大致相当于今昭通市昭阳区、大关县、鲁甸县、永善县、镇雄县，东川府范围大致包括今昆明市东川区及曲靖市会泽县、昭通市巧家县大部地区。

④ 各盐区的范围在不同时期不断有调整，本图是综合清代各盐区盐法志的记载信息绘制的大致示意图。具体研究时，应根据当时的文献记载和实践情况来确定实际范围。

四川盐区概况

一、四川盐区的自然地理条件

（一）巴蜀湖与井盐资源的形成

今四川、重庆在古代被称为巴蜀地区，巴蜀在远古时期属于海相盆地，是一大片水地，而淡水水体长时间不流动就容易形成咸湖，古代人们称面积辽阔的咸水域为"海"，这就是四川省内死海、邛海、伍须海等湖泊以海为名的原因。2016 年专家在四川万源发现了只在咸水中生存的古生物化石，再一次证明几亿年前这里曾是咸水湖。

远古时期湖水几乎占据了四川全境，这一地区被称为"巴蜀湖"。白垩纪末期，燕山运动使得四川盆地东部边缘褶皱隆起，形成了渝东地区一系列平行的褶皱和逆断层，[①]完整的巴蜀湖被分割成"蜀湖"及其他水体，同时大量湖水由湖床转移至地下形成暗河，这也是四川多溶洞的原因。湖面缩小和逐渐干热的气候加速了沉积物的堆积，盆地之中形成数千米厚的沉积层，裸子植物不断衰退，四川的恐龙也随之灭绝了。到了第四纪（始于 258 万年前，延续至今），受新近纪（始于 2300 万年前，延续至 258 万年前）喜马拉雅造山运动的影响，巫山两侧水系溯源侵蚀将巫山切开，夺路东泄，渐渐形成了后来的三峡，蜀湖之水从此汇入长江水系，湖盆出露干涸。这是通行的地质学观点，其认为远在早期人类出现前，四川盆地的湖泽就消失了，可古代大量文献却记载了古蜀湖。《水经注》载："白水

---

① 孙华：《四川盆地盐业起源论纲——渝东盐业考古的现状、问题与展望》，《盐业史研究》，2003 年第 1 期。

西北出于临洮县西南西倾山，水色白浊，东南流与黑水合……白水又东南入阴平"。中国第一篇区域地理著作《尚书·禹贡》里有"导黑水，至于三危，入于南海"的记载。由此可知，白水流向东南后汇入了黑水，黑水则注入南海。根据河流地理判断，西倾山大概是昆仑山脉的支脉，在甘肃、青海交界处，白水应该是今天嘉陵江的主要支流白龙江及其支流白水江，那么就可以推断白水汇入的所谓"黑水"就是今天的嘉陵江，而"南海"就是古蜀湖。

另外，今日三峡格局的形成还与古人类疏浚河道的活动息息相关。《本蜀论》载："时巫山峡而蜀水不流，帝使鳖令凿巫峡通水，蜀得陆处"。这说明巫峡被鳖令（鳖灵）凿通前，巴蜀是四面壅塞的内湖。《水经注》又称"江水又东迳巫峡，杜宇所凿以通江水也"，而此时古蜀湖的水只有一个向东汇入长江的出口，因而造就了古云梦泽。但要知道在大禹疏通沱江、潜水（即嘉陵江）之前，长江上游水位高涨，而三峡山谷狭窄崎岖，位于四川西部的龙门山断裂带稍有活动，三峡便极易因山体滑坡而被阻断，巴蜀地区则会被水淹没，在用 ArcGIS 模拟了三峡通畅/堵塞的情形后（图 1-2），这一点得到证实。所以十几万年间，因三峡时通时不通才造就了后来天府之国和两湖平原丰沃富庶、上千米厚的冲积土壤。综上所述，长江三峡的疏浚应是地质活动与人为活动共同作用的结果。其实盐湖与海洋连通，不仅发生在四川盆地，两湖盆地、关中盆地、南阳盆地也同样存在类似情况，在人类大规模活动的区域，盐湖几乎消失殆尽，而人类活动较少的区域却布有上千个盐湖，这颇引人深思。

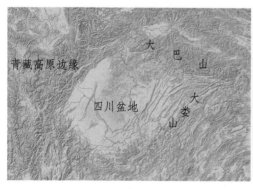

A. 三峡通畅   B. 涨水 200 米

C. 涨水 250 米

D. 涨水 350 米

E. 涨水 450 米

F. 涨水 700 米

G. 涨水 800 米

图 1-2 巴蜀湖与三峡通畅 / 堵塞模拟

从巴蜀湖形成到外通、干涸的漫长过程中，咸水湖中的浓缩盐水向地下几百甚至上千米处沉积，越深处越容易浓缩结晶成矿物质，从而有了地下盐卤和盐岩这两种井盐资源。

（二）气候特征与对草皮火（天然气）的利用

四川位于中国西南腹地，雨季较长，气候偏潮湿，所以不同于沿海地区的盐场直接用晾晒的方式制盐，四川盐场需要利用人工熬盐来获取卤水中的盐。人工熬盐主要有炭火熬盐和井火熬盐两种方式，井火指的就是天然气。很多人认为近现代才开始使用天然气，但笔者在做四川盐业建筑研究时发现，当地其实从秦汉时期就开始将天然气用于盐业生产。古籍中最早记载天然气的是西汉扬雄的《蜀都赋》："东有巴蒉，绵亘百濮。铜梁金堂，火井龙湫。""火井"指的就是天然气井，因井中气能点燃生火而得名。而晋常璩的《华阳国志》中也记载秦国时期临邛曾使用天然气制盐："临邛县，郡西南二百里……有火井……取井火煮之，一斛水得五斗盐；家火煮之，得无几也。"相较于炭火、柴火，井火熬盐的效率要高数倍，因此古代四川多地一直利用天然气生产井盐，当地也为这种独特的生产方式设计了相应的制盐建筑（图1-3）。

图 1-3　四川现存的天然气煮盐灶房

（三）山形地貌决定盐区划分

如前文所言，四川原是一片咸水域，而整个四川四面高中间低的盆地地势、西高东低的整体地势，令碳酸盐岩沉积环境大部分集中在四川盆地和渝东地区，也就是后来四川的主要产盐地（图1-4）。

清代四川因地势主要分为四川盆地、川西高原、攀西地区和丘陵山区四大板块，其中四川盆地地形平缓，尤其是当中的成都平原农业发达，自秦汉以降人口众多，被称为"天府之国"。今属重庆的丘陵山区属于四川盆地东部的边缘地带，虽然地势起伏较大，但有长江干流从中穿过，是四川盆地的水路咽喉，因此亦不乏人烟。而川西高原和攀西地区由于海拔高、地形复杂，人口较稀少。所以

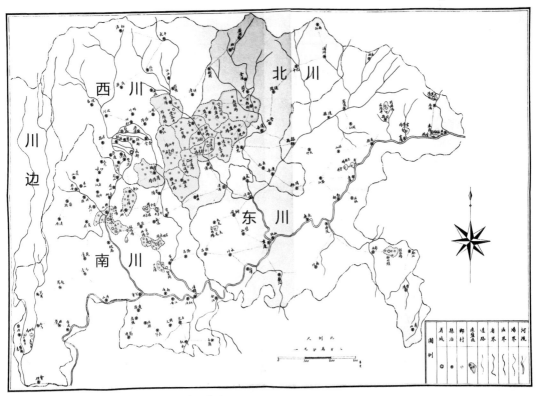

注：据民国《四川盐场区域总图》标记。

图1-4　民国时期四川产盐地分布

自古四川的产盐地和盐运活动都集中于四川盆地和川东一侧，高原地带及其周边区域则少有盐运活动的记录。

（四）水文条件决定主要运输方式

水运是中国古代的重要货运方式，特别是在水系密布的四川，河流对于川盐的运销起决定性作用，境内与盐运密切相关的河流有很多，其中主要有长江干流及支流嘉陵江和岷、沱、涪江三大水系（图1-5）。长江贯通整个四川，自宜宾以上称金沙江，金沙江承载着川盐向四川西部及云南运输的任务，宜宾以下的长江水道则是川盐入楚、湘的必要通道。岷、沱、涪江三大水系纵贯川中及川东，而夹成都、重庆于其间，是四川重要的运输水道。嘉陵江自陕西阳平关入川，于重庆汇入长江，曲流蜿蜒，有"九曲回肠"之势，也是川盐由川入陕的重要通道。

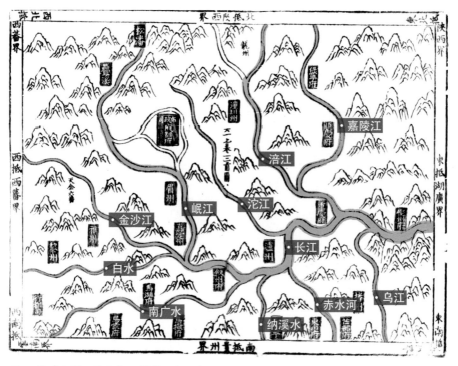

注：据《大明一统志》四川地理之图标记。

图1-5 四川主要水系

二、四川盐业的历史沿革

（一）清代以前的四川盐业

　　川盐的历史最早可追溯到古蜀文明晚期，那时的盐主要产自盐泽和盐泉。根据历史文献记载，四川井盐的最早开发和利用是从战国时期开始的，秦灭巴、蜀后大举移民，为当地带来了数万人口，由此也促进了盐业的发展。战国时期有据可考的四川产盐地有3处——广都县（今成都南部）、南安县（今乐山市）、广汉县，均由当时的蜀郡太守李冰所开发。到了汉代，盐税成为巴蜀地区的重要税收来源，朝廷在产盐地区设立盐场、盐官，专司盐业生产及管理，盐区从秦代的3县扩增到16县，蜀地因盐业而兴盛。从成都羊子山一号墓出土的东汉盐场画像砖上，可以看到群山之间井架高矗，盐场忙碌非常，山麓间往来的盐背夫络绎不绝（图1-6），足见当时蜀地盐业的兴盛，左思《蜀都赋》赞曰："家有盐泉之井，户有橘柚之园。"

图 1-6　成都羊子山一号墓出土的东汉盐场画像砖

到了魏晋南北朝时期，四川盐区的范围因为战乱而迅速缩减，但期间开凿了著名的富世盐井（位于今富顺）。唐宋时期，四川盐业发展迎来高峰，唐沿隋制，历 90 年不征盐税，盐区由此恢复发展到 64 个县，此时四川井盐业的发展不仅体现在盐区范围扩大上，还体现在盐井加深上：例如唐代陵州（治今仁寿县东）的盐井足有 500 余尺（相当于 150 多米）深。这时候仍通行大口盐井，开凿起来费时费力。到宋代，"卓筒井"问世，人们开始使用"圆刃"钻井，所凿之井井口较小，比大口盐井更易开凿，之后被推广开来，四川井盐业进入小口井阶段。元代，政局不稳使得各地经济倒退，四川产盐县锐减至 3 处。明初，朱元璋统一四川后，开始着手整顿四川盐业并于成都设置盐课提举司，又设 15 处盐课司，共同管辖 26 处产盐地，盐政管理渐趋规范化，此时还出现了专门辑述历代盐制的《盐政志》等盐业书籍。至明末，战乱使得四川盐业再度萧条，井圮灶废，百不存一。

（二）清代至民国时期的四川盐业

明末四川盐业经济遭到毁灭性打击，清政府为了使其恢复发展，鼓励自由运销，吸引了各邻省的商人来此经营盐业，四川盐业因此有所恢复，但直到乾隆年间，四川盐业才真正迎来复兴的机遇。其时，大臣姚棻指出沿袭自前朝的产销区划分不合理，比如鄂西地区向来吃淮盐，但淮盐因运输过远而价高，朝廷又不许邻省盐在此贩销，故"穷民度日不给，无力买盐，致多淡食"，后经各地督抚的商讨和朝廷批准，盐销区得以按距离远近重新划分。与此前相比，变化最大的便是四川盐区。随着盐销区的扩张，四川产盐地也迅速恢复至前朝规模并反超，一度达到 40 个，盐井开凿数量随之急剧增加。

清代四川盐政史上还出现了"川盐济楚"这一重要事件，使四川的井盐业得到空前的发展。咸丰元年（1851 年）至同治三年（1864 年）的太平天国运动使得长江中下游航路受阻，运销湖北省的淮盐也因之受阻，清政府因"川盐转运既易，成本亦轻"，遂准湖北省借销川盐，并且准许商民自行贩盐，不必由官府督运。这样一来不仅解决了湖北吃盐的问题，而且私盐盛行的现象也大有改善，晚清名臣李鸿章所写的《川盐分成派销折》便称："湖北宜昌一带，未经兵乱以前，向为川私充斥……自咸丰初年设局收税，化私为官，商民称便，悉就范围。"正是由于"川盐济楚"和"化私为官"这些政策的出现，川盐得以源源不断地运往两湖市场，靠近湖北省的四川产盐地如大宁（今巫溪县）、云阳等因此愈加兴盛。

因着"川盐济楚"的际遇，四川各盐场迅速发展壮大起来，直至民国，盐税一直是四川税收的重要组成。全面抗战爆发后，第二次"川盐济楚"大幕开启，再次将川盐生产推上新的历史舞台，国民政府财政部明令川盐增产，四川各盐场更加活跃起来。

三、四川盐业的生产技艺

古代巴蜀的盐工往往需要凿井至盐层深处才能获取卤水制盐，如果没有机械动力的辅助是很困难的，而聪明的盐工经过不断探索，发明了小口井汲卤熬盐的独特生产技艺。其仅凿井一般就要经历八道工序：初开井口→凿石→下石圈→锉大口→制木竹→下木竹→扇泥→锉小口。[①]井凿好后紧接着是架天车或马车汲卤（图1-7、图1-8），最后是熬盐。有别于其他盐区较简单的生产技艺，川盐的生产技艺难度大，技术要求高，其官盐盐价也相对较高，朝廷为避免价廉的私盐泛滥影响到国家经济，又制定了一系列盐法规章来保障川盐的产销。

---

① 此处据光绪《四川盐法志》整理。其中的扇泥，即将凿井过程中产生的岩屑、泥土取出，这一工序贯穿凿井全程，并非仅执行于"下木竹"之后。

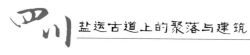

注：引自光绪《四川盐法志》。

图 1-7　清代四川盐场的天车

图 1-8　四川现存的天车

四川盐业管理

一、四川食盐运销

（一）水路运销

得益于四川河流众多，水运成为川盐运输的主要方式，所以越是水运便利的盐场，其发展就越好（图1-9）。如大宁盐场，虽然

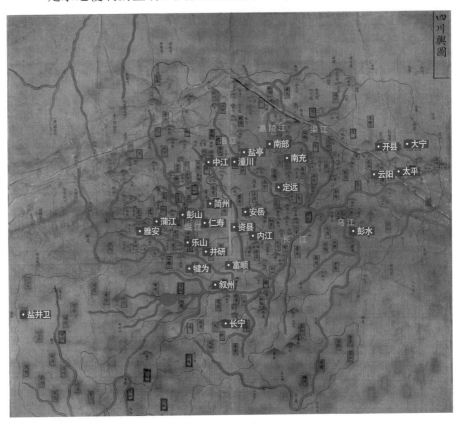

注：据光绪《四川盐法志》与《大明舆地图·四川舆图》(1574年)整理、标记，图中所示为明代四川盐场。

图1-9　四川水系与各盐场

只靠一处天然盐泉生产，而且地处偏僻，但其紧邻着的大宁河是径直出峡的水道，水运交通十分便利，大宁盐因而行销甚广。乐山盐场则依托岷江水道行盐，盛极一时。清代乐山牛华溪（原名油花溪）的盐大使刘应蕃曾作《油花溪即事诗》："江水回环溪水萦，嘉阳廿里附南城。人家半藉盐为市，风俗全凭井代耕。"

与水运相关的工种主要有船夫、纤夫和抬夫，其中纤夫又名拖船夫。运盐船常要逆水行驶，船行时阻力大，盐商便会雇佣纤夫拖船行驶。在川鄂交界的三峡地带，这种现象十分普遍（图1-10）。

注：引自光绪《大宁县志》。

图1-10 大宁盐场纤夫拉船

（二）陆路运销

四川各盐场及销地除了位于河流沿岸的，也有大量地处深山的，所以还需要水运以外的陆运作为补充。陆运食盐多以人力背负，人力最为灵活，背运时少则七八人一伙，多则十几二十人一帮，由一人负责率领，无论高山恶水，凡有人烟之处，即使路途再险，也必有背夫运盐到达（图1-11）。背夫运盐的工具十分特别，一般唤作板凳儿。其形似板凳，但凳脚不等长，而是两长两短，使用时负于背上，凳面朝下，长的两根凳脚弯成弧形，贴着背部向头顶伸出，最上方连有横木，可用于遮雨。底端四面装有木板，构成一个小木箱，可放置干粮和其他物品。木箱以上分成若干层，每层搁一木板，用于捆装盐袋。背夫行动时，弧形支架使垒砌的货物前倾，便于上

注：引自光绪《四川盐法志》。

图1-11 陆运负盐图

山时省力。另外还有类似拐杖、叫"拐爬耙"的木制工具，上端略呈纺锤形，中间钻一圆孔，插入手腕粗、大致与人腿等长的粗圆木，圆木底端揳入一颗大铁钉。背夫休息时，不便坐下，即将此物伸入板凳儿之下，立于地面，可助其暂时卸下重负。还备有竹制的半圆形汗刮、布巾来擦拭汗水。川盐古道的石板路上，背夫使用"拐爬耙"留下的"拐子窝"密密麻麻，至今可见。这是四川盐背夫辛苦劳动的历史见证。

陆运的另一种形式是马驮，旧时养马不易，较之使用人力，成本高得多，所以在四川盐区马帮相比背夫少些，其通常五六驮为一帮，若遇到牲口生病，则整个运输计划就得更改或取消。而且四川并不产善走山地的马，四川马帮大多通过贵州人买来云南马，民国《合江县志》称这种马"质小而蹄健，上高山，履危径，虽数十里不知喘汗"。合江位于川南，靠近贵州，县上的马街就是因马帮在此建号而得名。合江是川盐入黔的中转站，自贡的盐通过马帮运输到此，一部分就地售卖，另一部分则装船运往贵州等地。

二、四川盐法制度

自秦灭巴蜀后，四川的盐法经过汉、唐、宋、明时期的变革与发展，至清代而逐渐成熟，形成了自己的特色。

秦灭巴蜀后，四川食盐实行"民制官销"：百姓制盐后，由官府统一收购并完成运销，即民制、官收、官运、官销。

汉代，盐法主要实行的是"禁榷制"。汉初实行"无为而治"，民间在一定程度内得以自由开采、运输、销售食盐，巴蜀地区出现了许多经营盐业的"豪民"；汉武帝时期，确立盐铁禁榷之策，由官府全权管理盐铁生产、分配，即由官府组织人员制盐，成品由官收、官运、官销，四川的私盐由此受到一定程度的遏制。

隋统一南北后，解除盐禁，官民共享盐业资源，盐业有所发展。唐初，沿袭隋制；安史之乱后，为解决财政困难，开始实行"就场专卖制"。据《资治通鉴》卷二百二十六载，宝应元年（762年），户部侍郎兼盐铁使刘晏就原榷盐法进行改革："但于出盐之乡置盐官，收盐户所煮之盐转鬻于商人，任其所之。"也就是允许百姓制盐，官府收购食盐后加上税额转卖给盐商，其后任其自由运销，即民制、官收、官卖、商运、商销，商人成为承担食盐运销任务的主要力量。

五代及宋初，主要实行官运官销的直接专卖制，后随着时局变化有所调整。其时，在四川地区，产盐丰富的地区设有盐监，如富顺监、大宁监、云安监等，设监地区的盐井都由官府管理，未设监地区的盐井可由当地居民处置，但需要向国家缴纳盐税。另外，由于卓筒井的发明，宋代四川地区出现了不少"私井"，它们在一定时期得到了官府承认，由此打破了专卖制，盐商向官府缴纳银钱或抵押财物即可换取指定地区盐的专卖权。

明初，因边境驻有大量军队而实行"开中法"，即招募商人运粮到边境换取盐引，商人凭盐引到指定盐场换盐再到指定地区售卖。为了加强盐政管理及实施开中法，四川茶盐都转运司、盐课提举司相继在成都成立。明中期以后，由于朝廷滥发盐引，开中法趋于崩溃，于是改行"纲盐法"。"纲"可视为一种组织形式，由若干盐商组成，其中有"总商"统领其他"散商"。盐务机构将一纲盐引交给总商，总商向散商分发盐引并收取盐税，盐税收齐后缴送盐务机构。在这个过程中，国家只控制盐的专卖权，而将食盐的运销都交由盐商负责，这标志着食盐专卖新形式的出现，即"盐商专卖制"。

清代，统治者结合前朝的教训及四川实际情况对川盐的生产、运销、征税等进行调整，盐务日臻完善。在管理方面，四川盐政由总督兼理（初由巡按或巡抚负责），在不同时期先后设有督粮道、驿盐道、盐茶道等机构办理具体盐务，并在重要盐场派驻专员监管盐务，部分府、州、县也会在辖区内重要的产盐地设立分署专理或兼理盐务。值得一提的是，光绪年间，时任四川总督的丁宝桢在总理盐务之余，编纂了记录四川盐政的集大成之作《四川盐法志》。

在清代的不同时期，四川曾实行不同的行盐法，其中主要的两种是"官督商销制"（官府只控制食盐专卖权，食盐的运销都交由盐商负责）、"官运商销制"（官府将盐运至销岸，就岸招商）。无论是实行官督商销制还是官运商销制，其核心都是纲商引岸制度，简而言之，就是给盐商划定销售区域。

清代四川盐区的引岸制度总体有两个特点。一是有计岸、边岸之分：

计岸包含四川本省及湖北八州县在内的川盐销区，取"计口授盐"之意；边岸包括云南和贵州的川盐销区。此外，在太平天国运动期间还有"济楚岸"，其时淮盐销往两湖地区的运道受阻，两湖地区的原淮盐销区即临时成为川盐的"济楚岸"。二是盐引有水引、陆引之分：水引配额较大，主要行水道，水道不及之处则改行陆路；陆引配额小，只走陆路，由畜力或人力运送。

引盐之外，还有票盐。清初，四川凋敝，引盐之法难以蘮行，遂由盐务机构填发盐票，交由商贩到盐场购盐，运至附近地区销售。顺治八年（1651年），"始题准四川盐票四千九百四十纸，每票填盐水运五十包，陆运四包，税银六分八厘一毫"①。盐票较之盐引，配额较小，所课之税也较轻，是清初复兴四川盐业所采取的一种权宜之计。康熙二十六年（1687年）前后，四川开始颁行盐引，但票盐并未就此消失，反而渐渐形成定制。这是因为四川盐业复苏后，部分盐场生产力提高，产盐量往往超出盐引配额，但多出的这部分盐往往又不足以"配引增课"，清廷为防井灶户偷卖私贩，便令其上报引盐之外的余盐数量（即多出的产盐量），由盐务机构制票颁行。

此外，清代中后期还出现了正式的"归丁州县"。所谓归丁，即在纲商引岸制度下，部分州县招商不济，"率由小贩持票赴附近盐厂买余盐回给民食，课税由粮户并入地丁纳官"。这本是清初四川暂行的一种办法，初行于巴州、通江、铜梁、大足等少数地区，但随着盐法的败坏，归丁地区不断扩大，至道光三十年（1850年），清廷正式承认汉州等三十一州县为归丁州县，这实质上是在当地废除了引盐之法。光绪四年（1878年），四川总督丁宝桢设置票厘局，创行"护票"正式管理归丁州县的盐厘征收，"每挑给予护票一张，随挑抽收厘钱，准其挑负归丁州县售卖"。"改革之后，全省划为'民运票地'的州县共计68处，四川本省计岸归丁之州县至是始有'民运票地'或'归丁票地'之称。"②

① （清）丁宝桢纂，曾凡英、李树民、孙祥伟校注：《〈四川盐法志〉整理校注》，西南交通大学出版社，2019年，第383页。

② 黄凯凯：《清代四川专商引岸制度下的盐课归丁》，《史学月刊》，2016年第8期，第51—62页。

第三节

四川盐商及其活动

一、四川盐商

从广义上来说，四川盐商包括四川盐区内从事盐业经营的四川籍及外省籍商人，其中外省籍盐商又以西商与赣商①居多，清末的四川"十大商帮"中，这两类商人具有十分重要的地位。例如道光《荣县志》记载："商贾以贡井盐商为最……大利所在，陕西、江西人居多，土人则十之四焉。"西商是开拓自流井盐业市场的主力，在清代川盐销滇、销黔后他们又将经营范围扩张到云贵，仅在贵州贩盐的陕西商人就有 400 多人。赣商是在四川经营盐业生意的另一主体，如自贡盐业四大家族之一胡慎怡堂的祖辈，就来自江西庐陵（今吉安）。西商和赣商的经营规模最大，因此他们在四川盐区各地建造的会馆数量最多，建筑风格也最华丽（图 1-12、图 1-13）。

图 1-12　自贡西秦会馆

图 1-13　龙潭镇万寿宫

---

① 西商包括陕西、山西一带的商人，赣商包括江西、安徽一带的商人。

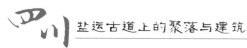

四川盐商在经营门类上亦存在不同，四川盐业分为井、灶、枧、垣、号五大行业，盐商们往往不只经营一种行业，资金充裕的五行无一不备，乃至跨行业经营。

此外，四川盐场众多，盐务机构繁多，这些机构中的不少官员和工作人员也会借职务之便做盐业生意。因盐利丰厚，除了盐务机构官员，四川其他机构的不少官员也纷纷插足盐业，比如自贡现存著名盐业建筑张家花园（图1-14），其建造者是时任四川印花局局长张伯卿，而他也在重庆、贡井创办盐业公司，是当时有名的大盐商。

图1-14 盐商张伯卿住宅张家花园

二、四川盐商活动对盐运古道沿线地区的影响

正如民国《云阳县志》所云：盐"于县境食货，实为大宗，利之所凑，食其业者，自卤主、煎户、运商、肆伙、汲拽……执事于其间者，无虑数万人"。可见川盐产业之庞大、吸纳人员之众多，

而四川盐商从事盐业活动时，对于沿线地区的影响也是多元而深远的，以下基于本书主题，仅从盐商活动对于盐运古道沿线聚落与建筑文化的影响进行简述。

（一）盐商活动与盐运古道沿线聚落的发展

盐商积累了一定财富后，除了继续投资经营盐业，也会往商贸、土地等行业发展，还有的为回报乡梓而投资教育、医疗等行业。如此，盐商在扩张生意的同时，也会为盐运古道沿线聚落的发展注入新的生机，尤其是在盐产丰厚或盐运发达的聚落，盐商大量聚集，促使其逐渐发展为区域经济中心或重要的交通枢纽，如自流井、五通桥、西沱等城镇。

此外，盐商雇佣的背夫和马帮转运食盐时，于通都大邑、穷陬僻壤，无所不至，这就加强了不同地区之间的联系，促进了落后地区的对外贸易，使一些人烟稀少的村落逐渐发展为商贸繁华的集镇，如福宝、尧坝、柏杨坝等都是借川盐运输活动而兴起的商贸聚落。

（二）盐商活动与盐运古道沿线建筑文化的交流

四川盐商长期的经营活动尤其是食盐运销活动对盐运古道沿线建筑文化的传播与交流有着重要的促进作用，在川经营的外省籍盐商纷纷将自己家乡的建筑文化沿着盐运古道带进四川盐区，并与本土建筑文化融合，留下了一批精美的盐业建筑。例如，仙市古镇内由外省籍盐商修建的会馆，既具有巴蜀本地特征，又在建造方式和装饰艺术上带有诸多外乡风格。

四川盐业盛极一时，催生了一大批豪商巨贾，他们在发达后，乐于兴建家族宅邸、书院、会馆等，且往往不吝成本，追逐时奇，这不仅使盐运古道沿线建筑的类型更为丰富多样，而且也使当地的建造工艺在不断交流融合中得到了提升。

第二章

四川盐运分区与盐运古道线路

四川盐运分区

在清代以前，朝廷限制川盐只在四川本地销售，而实际上对于四川周边地区来说，川盐相比海盐距离更近、价格更实惠，所以川盐私盐较多，严重影响了国家经济。清乾隆五十六年（1791年），大臣姚棻上奏指出盐销区划分不合理的问题，建议"就近省分，均匀搭配"，此议获准后，川盐销区即从省内渐渐向周边扩张。而在清代川盐运销之中，引岸制度是最为关键的制度。根据该制度，四川盐区主要分为计岸与边岸，其中计岸包括本省计岸和湖北计岸，边岸包括云南边岸与贵州边岸（图2-1）。

此外，川盐销区在一些特殊情况下还有过扩张，比如"川盐济楚"时形成的"济楚岸"，同时清代从四川输入陕南地区的私盐也甚多。所以整个清代，除四川本省外，川盐还行销鄂、滇、黔、湘、陕等地。

（一）本省计岸

清代四川引岸制度的形成始于雍正七年（1729年），这也是筹设四川本省计岸的开端，其时四川巡抚"宪德与川陕总督黄廷桂尊奉上谕，始檄驿传盐法道刘应鼎详定章程，按户计口授盐行引，凡有盐井之厅卫州县四十，无盐井者九十有九。又边远之州县四，具籍以闻。约人日食盐五钱，得引几何，以授之各州县；又分授之商人而责其引税，民无与焉。并为之择隘口、设巡役，州县销盐各有考成"[1]，也就是根据全省人口确定食盐需求量，继而根据各地生产

---

[1] （清）丁宝桢纂，曾凡英、李树民、孙祥伟校注：《〈四川盐法志〉整理校注》，西南交通大学出版社，2019年，第187页。

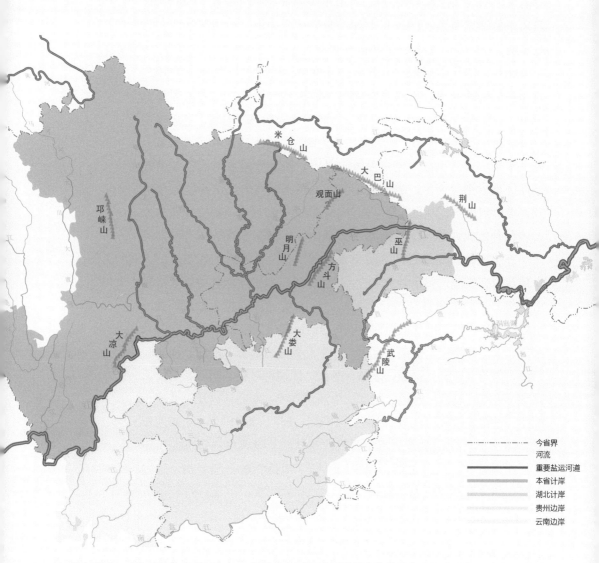

注：据光绪《四川盐法志》绘制，图中所示范围为川盐常规销区，在不同时期川盐行销范围有所变化，详见下文。

图 2-1 清代四川盐运分区示意图

与需求情况规划行盐路线，形成对口供应的食盐运销体系。大略而言，四川本省计岸覆盖了四川省大部，西至打箭炉止。今川西地区在当时多实行土司制，盐务也由其自行管理。

此外，清代中后期，盐井激增，许多不纳税的私盐涌入市场，票商借以侵销计岸，引商难以应付，往往弃岸而逃，地方盐课屡有亏空。而猖獗的走私活动则刺激了坐商^①大力缉私。旧制，老弱残疾可挑盐四十斤易米度日，而坐商出死力缉私，将上述人等悉目为枭，平生事端。且四川自平定白莲教起义后，被遣散的乡勇和投诚的教徒往往也以挑盐为生，赖此为生者，不下十余万人，这不能不使地方官吏感到为难。因此在部分州县，坐商的缉私行为使得官民两病。上述种种情状，最终促使清廷正式承认了"归丁州县"："奏准汉州等三十一县盐商逃亡，贫困无人接充，听民在附近场灶买食，老少余盐应完税羡，归丁灶完纳"^②。于是四川本省计岸之中正式析置出一部分"归丁州县"，行销票盐。据光绪《四川盐法志》记载，至光绪初年，归丁州县增至四十二，"曰：汉州、什邡、永川、璧山、荣昌、大足、合州、铜梁、定远、阆中、苍溪、南部、巴州、通江、南江、剑州、西充、仪陇、隆昌、平武、江油、石泉、彰明、名山、洪雅、夹江、三台、射洪、盐亭、中江、丹棱、安岳、内江、井研、绵州、德阳、罗江、江安、绵竹、梓潼、茂州、新宁"^③。光绪四年（1878年），四川总督丁宝桢再次改革盐法，设票厘局管理归丁州县的盐厘征收。改革之后，四川的"归丁州县"进一步增加，这些行票之州县渐渐被称为"票岸"。

① 在四川盐区，盐商可分为坐商与行商。坐商掌握盐引，世代以此为生，主要任缉私之事；行商从坐商手中典引行盐，多为外省商人。
② （清）张茂炯：《清盐法志》卷二五三《运销门·票盐》。转引自张学君、周光荣：《明清四川井盐史稿》，四川人民出版社，1984年，第112页。
③ （清）丁宝桢纂，曾凡英、李树民、孙祥伟校注：《〈四川盐法志〉整理校注》，西南交通大学出版社，2019年，第507页。

（二）湖北计岸

湖北计岸大体形成于乾隆初年，包括七县一州，分别是建始县、长乐县、恩施县、宣恩县、来凤县、咸丰县、利川县及鹤峰州。建始起初隶属于四川夔州府，故食川盐。"乾隆元年，（建始县）改隶湖北施南府，湖广总督迈柱奏'请从民便，仍就近食云阳盐'。事下户部议……部议从之。"[1]乾隆二年（1737年），新任湖广总督史贻直"复以湖北改土归流之鹤峰州及长乐、恩施、宣恩、来凤、咸丰、利川等县以苗疆故，向食云阳各厂余盐，无官引，今尽归流，又近川；淮盐道远价倍，民弗便，奏请仍照建始县例，同食川盐"[2]。此议获准，只是各地配售盐场有所调整：恩施、宣恩就近食云阳盐，来凤、咸丰食彭水盐，利川食万县盐，鹤峰、长乐食大宁盐。

（三）云南边岸

云南边岸主要包括两府一州，分别是昭通府、东川府及镇雄州。云南同四川一样生产井盐，但滇盐生产技术不及川盐先进，且云南山高水险，运销不便，故时常产不敷销，需借销邻盐。而滇东北部分地区自清代才逐渐划归云南，民众习用川盐，故昭通府、镇雄州自雍正七年（1729年）起划入川盐销区；乾隆三年（1738年），又令东川府、宣威州、南宁县、沾益州、平彝县改吃犍为及富顺盐；乾隆十六年（1751年）滇盐增产积销，复将南宁、平彝、沾益、宣威划回滇盐销区，而昭通、东川、镇雄则一直为川盐销区，直至清末。清代丁宝桢在编纂《四川盐法志》时即指出川盐销滇"一以盐绌故，一以改隶故"。

---

① （清）丁宝桢纂，曾凡英、李树民、孙祥伟校注：《〈四川盐法志〉整理校注》，西南交通大学出版社，2019年，第201页。

② （清）丁宝桢纂，曾凡英、李树民、孙祥伟校注：《〈四川盐法志〉整理校注》，西南交通大学出版社，2019年，第201—202页。

（四）贵州边岸

贵州边岸覆盖除黎平府外的贵州地区。清初，贵州辖安顺府、贵阳府、大定府、遵义府、思南府、平越州、都匀府、石阡府、镇远府、思州府、铜仁府、黎平府等地，其中贵阳、安顺、大定、遵义、思南、都匀、石阡、平越九府州主要仰食川盐，镇远、思州、铜仁三府食湖南所行之两淮盐，黎平府食粤盐，少部分位于黔滇交界处的州县亦食滇盐。

康熙二十六年（1687年），贵州巡抚慕天颜以滇盐价昂，奏请黔滇边界的普安等州县改食川盐，未获允准。康熙三十四年（1695年），"覆准普安等处自食云南盐，商民两病，将普安等处改食川盐"。乾隆年间，镇远、思州、铜仁三府亦改食川盐。其后，贵州除黎平一府，其余地区都以川盐为食。

（五）济楚岸

太平天国运动发生后，淮盐输入两湖地区的运道逐渐被阻断，两湖地区可食之盐不断紧缺，人苦淡食。咸丰三年（1853年），帮办湖北军务罗饶典上书请求借食川盐和潞盐。朝廷经过讨论后，认为川盐质优且川、楚两地水运发达，便于运盐，因此批准湖北地区借食川盐。起初，湖北借销的川盐并不多，但随着时局发展，川盐渐渐行销整个湖北地区。其时湖南也奏请借食粤盐，但粤盐价贵且不合湖南人的口味，于是输往湖北的"川盐顺江而下，并及岳州、常德、澧州"。楚地借销川盐本是权宜之计，清廷原待战后就起复淮盐，但曾国藩平定江南之后，淮盐并未立即如计划恢复。虽然清廷锐意推动此事，但由于川盐输楚既得长江水运之便，又得人心——楚地百姓乐食川盐而厌淮盐，再加上川盐济楚后形成的种种利益关系，所以淮盐在两湖地区的恢复直到光绪年间才渐渐有所起色。此外，及至民国时期全面抗战爆发后，两湖地区再次因战事而出现食盐危机，推动了第二次川盐济楚的发生，川盐则因此走向鼎盛。

（六）川盐销陕范围

清代陕西产盐较少，主要行销河东盐，陕南地区因临近川北而有来自四川的私盐流入。陕西以川盐为食的地区具体有褒城（今汉中）、城固、洋县、西乡、宁羌（今宁强）、沔县（今勉县）、略阳、佛坪、镇巴、留坝、安康、汉阴、砖坪（今岚皋）、平利、洵阳（今旬阳）、白河、紫阳、石泉、凤县等地，大多分布在汉江流域。

第二节

四川盐运古道线路

四川盐运古道是以水路为主、陆路为辅的综合运输网络。在这一综合运输网络中，不同的盐产地对口供应不同的盐销区，其产出的盐经由固定路线输往目的地。如前所述，清代川盐除供应本省外，还惠及周边地区，辐射鄂、湘、陕、黔、滇五地，由此形成了四川盐运古道的六大支系：四川古盐道、川鄂古盐道、川湘古盐道、川陕古盐道、川黔古盐道、川滇古盐道（图2-2）。虽然这些路线在不同时期或有调整，但变化不大，它们共同将川盐从产地运往六省盐销区，满足了人们的日常之需，同时也促进了六省的经济文化交流。

一、四川古盐道

由于地域广大，清代将四川划为五大片区，设置分巡道进行管理，即川东道、川北道、川西道、川南道、建昌道，各道之内盐场与埠地多就近搭配（图2-3）。不同的盐道连接着不同的盐场与埠地，但盐场与埠地的组合并不完全遵循就近原则，有时还会考虑水路运输的便捷性，比如川东道的南川县吃的就是川北道射洪场的盐，两地空间距离虽很远，但射洪场临涪江，南川县临长江水系，走水路其实较为方便。

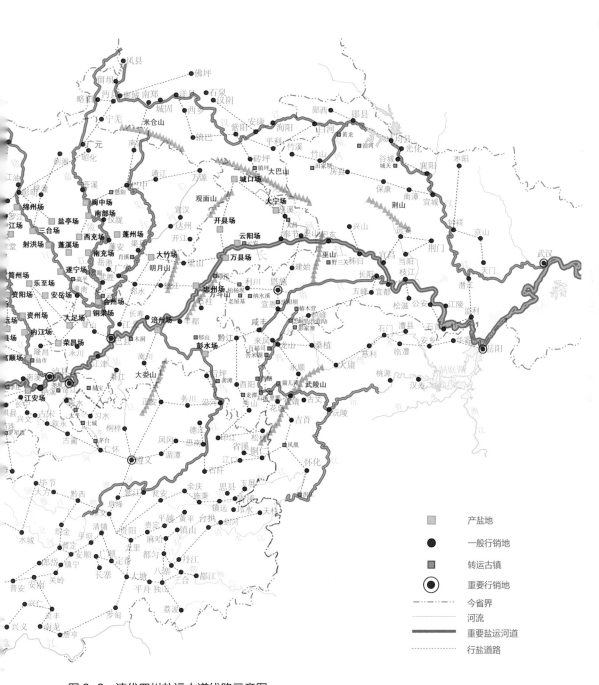

图 2-2 清代四川盐运古道线路示意图

产盐地

一般行销地

转运古镇

重要行销地

今省界

河流

重要盐运河道

行盐道路

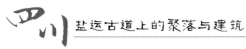

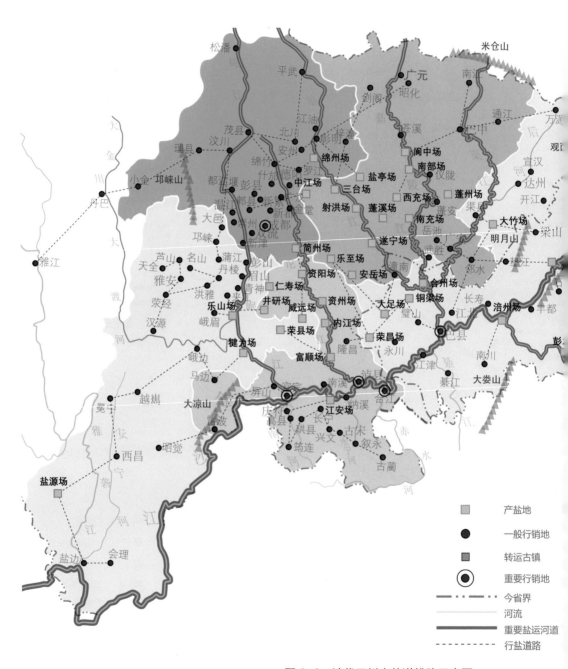

图 2-3　清代四川古盐道线路示意图

（一）川东道盐运概况

川东道，下辖江津、长寿、永川、荣昌、綦江、南川、铜梁、璧山、涪州（今涪陵）、合州（今合川）、奉节、巫山、云阳、万县（今重庆市万州区）、忠州（今忠县）、大宁、大足、彭水等地，基本覆盖了今重庆市。川东道有荣昌、大足、铜梁、合州、涪州、忠州、彭水、大竹、万县、云阳、开县、大宁、城口等 13 个盐场，大宁场更是与富顺、射洪、犍为诸盐场并称的大盐场，但因该道辖区较广，仍需从外地引盐。该地是川盐销往鄂、黔、湘、陕四省的重要通道，大宁、富顺、射洪、犍为等大盐场主要通过该地的长江水段，将盐转运到省内和省外各地。

（二）川北道盐运概况

川北道，下辖阆中、南充、西充、岳池、广元、昭化、三台、盐亭等地。川北道水系丰富，除嘉陵江外，还有涪江、渠江穿境而过，水路交通发达，是川盐销陕的重要通道。该道虽然有乐至、安岳、遂宁、射洪、蓬溪、三台、中江、盐亭、西充、南充、阆中、蓬州、南部等 13 个盐场，但这些盐场除了射洪场产量较大，其余都是小盐场，并不能满足当地吃盐需求，所以仍需从外地的富顺、犍为、大宁等大盐场行盐过来。

嘉陵江沿线分布有多条古道，在历史上有着十分重要的地位。其中陈仓道、青泥道、散关道等古道至今闻名，李白《蜀道难》之"青泥何盘盘，百步九折萦岩峦"生动地描绘了青泥道蜿蜒曲折的形象。唐时，在广元以下沿嘉陵江设泥溪驿、苍溪驿、嘉陵驿等驿站；宋代，嘉陵驿被设为正驿，可见当时此地水路交通的发达；明代，成渝道大体成形，分担了嘉陵江水道的部分交通压力，同时也使嘉陵江水道失去了以往的重要地位，但嘉陵江沿线依旧是四川最重要的商贸线路之一；至清代，朝廷仍不时派人整凿嘉陵江上的险滩，保证水道畅通。如今，嘉陵江沿线地区仍存有大量明清时期行商修建的会馆。

川西道
川北道
川东道
建昌道
川南道

（三）川西道盐运概况

川西道，位于成都平原，整体地势平缓，下辖成都、简州（今简阳）、广汉、绵州（今绵阳）、什邡、双流、新都、温江、金堂、新津等地。川西道仅有绵州、简州2个盐场，却是四川盐运活动最密集的区域，这皆因该地较为富庶，人口稠密，埠地甚多，且境内有岷江、沱江、涪江三大水系穿行而过，水路交通发达，运盐较为方便。此外，与川西道毗邻的诸道盐场众多，且多分布在靠近川西道的一侧，其运销食盐时往往要借道而行。

（四）川南道盐运概况

川南道，下辖合江、江安、富顺、资州（今资中）、仁寿、井研、内江等地。川南道有仁寿、资阳、资州、内江、富顺、江安、井研7个盐场，其中仅富顺场产盐较多。该地是建昌道的乐山、犍为和荣县三盐场的重要销区，同时也是川盐销往黔、滇两省的重要通道。

（五）建昌道盐运概况

建昌道纵向跨度非常大，下辖雅安、名山、荥经、芦山、乐山、犍为、盐源、荣县等地。建昌道有乐山、荣县、犍为、盐源、威远5个盐场，其水路盐运主要集中在北部，依靠岷江和青衣江等水系进行。其南部地处青藏高原、云贵高原与四川盆地的交会地带，山势高差大，基本依靠背夫和马帮运盐，吃盐十分不便。

（六）边地社会（今川西地区）盐运概况

今川西地区在清代长期实行土司制。土司制时代，这一地区的日常行政事务由土司管理，中央和地方政府的盐务管理体制也就没有覆盖到这里。至清晚期，当地的"改土归流"并不彻底，兼以地势险要，交通困难，整个清代官盐几乎不曾进入该地区，也就没有官方组织承认的盐运活动，当地居民主要吃土盐、私盐，由民间自产、自运、自销。

此外，在成都、重庆之间，有一条古代四川最重要的交通路线——成渝古道（图2-4）。这条古道始建于唐，于明代定形，是官方的驿道。成渝古道有两条，分别是南边的"东大路"（渝城—永川—荣昌—隆昌—内江—资阳—简州—成都）和北边的"东小路"（渝城—璧山—铜梁—安岳—乐至—简州—成都）。这两条驿道是古代四川的商贸要道，沿途建有众多会馆，它们是四川盐业建筑的重要组成。

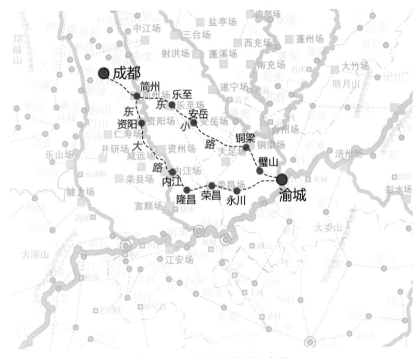

图 2-4　成渝古道线路示意图

二、川鄂古盐道

古代的两湖地区基本不产盐，两省居民主要吃江苏的淮盐和四川的川盐。湖北省位于长江干流区域，清代全省即被分为长江上游区和长江中下游区两个盐销区：以宜昌为界的长江上游段水流湍急，

难以逆行，淮盐难以抵达，所以沿线区域主要食川盐；以宜昌为界
的长江下游段水运通畅，即被强势的淮盐占领。但在川盐济楚时期，
川盐在湖北地区的行销范围就大大扩张。在此背景下，川鄂古盐道
可分为"长江线"与"汉江线"（图2-5）。

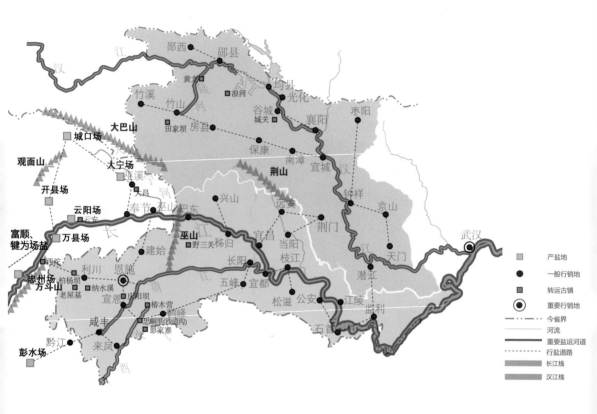

图2-5 清代川鄂古盐道线路示意图

（一）长江线

  川鄂古盐道长江线主要覆盖宜昌、秭归、长阳、兴山等地，
境内水运和陆运线路均有。水运是从富顺、犍为两盐场或云阳、大
宁、万县三个盐场引盐进入长江水道，一路向东运输进入湖北地
区，在沿线的水码头上岸销售；陆运是走鄂西的山路，先经水运到

奉节，然后沿着巫山山脉进入鄂西地区。鄂西山势陡峭，运盐的背夫翻山越岭，艰苦非常，每走一段就需要一个歇脚的地方，久而久之盐背夫停留的歇脚处就有了专为盐背夫服务的商家，继而形成街市，最终发展成运盐聚落。现在沿着这些古盐道还可以看到不少这样的聚落，如利川的老屋基村、柏杨坝镇，宣恩的庆阳坝镇、沙道沟镇等（图2-6），笔者团队询问当地的男性老人，发现许多人年轻的时候都有过贩盐的经历。此外，还有彭水场盐经黔江运抵咸丰、来凤。

A.凉雾乡纳水溪村　　　　　B.柏杨坝镇高仰台村　　　　　C.晓关镇野椒园村

D.沙道沟镇彭家寨

图2-6　鄂西古盐道上的场镇

（二）汉江线

川鄂古盐道汉江线主要覆盖襄阳、谷城、潜江等地，川盐北运跨过大巴山后，至湖北、陕西交界处，此时或陆运经竹溪、竹山、房县、保康、南漳至宜城，再沿汉江向东南运销；或经竹溪、竹山后，沿陡河至郧县（今十堰市郧阳区），再沿汉江向东南运销。全面抗战时期，随着武汉和宜昌的相继沦陷，川盐只能从长江沿线的秭归上岸，翻越神农架林区至汉江一带，再由汉江进入湖北腹地，其中神农架林区的陆运异常艰险。

三、川湘古盐道

川湘古盐道主要分布在湘西武陵山脉区域，此区域千山万壑，群峰壁立，地势突兀险峻，旧时被视为"蛮烟瘴雨"之乡，常为罪臣贬放、流民逃难之地。湖南有湘、资、沅、澧四大水系，除了湘江，其他三水皆从湘西流过，特别是充满传奇色彩的被誉为"湘西母亲河"的沅江，流经了差不多整个湘西地区，而沅江的重要支流酉水更是流经川、鄂、湘交界地区，是重要的水路通道，因此湘西的盐运基本上靠水路。湘西的陆地交通自古就不发达，元明时期统治者为经营西南地区才在由楚入川的咽喉之地，也就是湘西、鄂西地区，整修了一些驿道。而该地陆地交通设施成规模的兴建则发生在两次"川盐济楚"期间，为使川盐顺利运出，当时的清政府、国民政府均曾在古驿道的基础上大力兴建盐道。

销往湖湘的川盐从川东西沱镇卸载，穿越鄂西利川、恩施、宣恩来到湘鄂交界地带，其进入湘西的盐道可概括为"一纵两横"三条线路（图2-7）。

"一纵"：川盐穿越鄂西，经湘鄂交界的宣恩、咸丰、来凤进入湘西，一路向南，经永顺至保靖，再向南经花垣、吉首、凤凰、怀化、洪江运至湘西全境。国民政府曾在龙山设立"湘西川盐榷运局"，

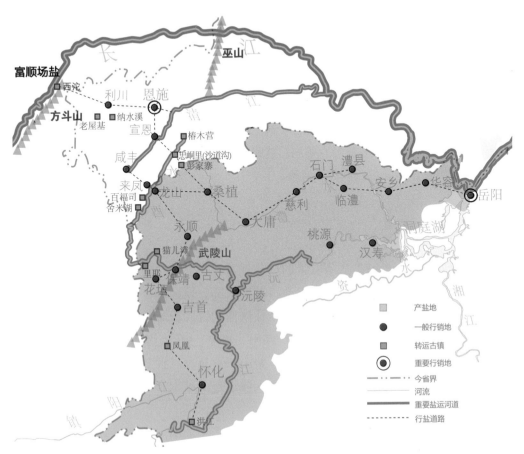

图 2-7 清代川湘古盐道线路示意图

至 1943 年还在龙山县设"川盐济湘营业处",负责盐税征收,这主要是因为龙山地处鄂、渝、湘三省交界处,是三省边贸的重要集散地。"一纵"这条盐道要穿越武陵山脉,全程皆穿行于峰壑之间,盐背夫常年结伴成队在此行走。在旧时,一担谷可换一斤盐,所以有"担谷斤盐"之说,而在湘西乃有"食盐贵如金"之说。这皆因湘西盐道千难万险,充满了旧时盐背夫的辛酸。旧有《盐道纪程谣》曰:"十里路上到瑶角,二十里路起风波,三十里折岭高万丈,四十里两头扯平和,五十里良田一关饷,六十里万岁封八角,七十里韩愈走马岭,八十里拱桥对庙角，九十里黄塘打一望，一百里来回三个坡。"①

"两横"包括澧水线、酉水－沅水线。澧水线：川盐由水运至宣恩，转陆运至忠峒里（今沙道沟）、彭家寨再至桑植，或经湘鄂交界的咸丰、来凤、龙山，陆运至桑植，再顺澧水经大庸（今张家界）、慈利、石门到澧县，或过临澧、华容进入洞庭湖流域。酉水－沅水线：盐船从来凤出发，通过酉水，经百福司、里耶、保靖、古丈而至沅陵，再沿沅水经桃源、汉寿进入洞庭湖流域。

四、川陕古盐道

清代陕西也是一个缺盐大省，大的产盐地只有陕北定边的花马池，再就是陕北、关中东部有少量土盐，其余大部分地区都需要借销邻省之盐。入陕川盐属于私盐，主要销往陕南的汉江流域，包括褒城、城固、洋县、西乡、宁羌、沔县、略阳、佛坪、镇巴、留坝、安康、汉阴、砖坪、平利、洵阳、白河、紫阳、石泉、凤县等地，行的是阆中场盐和大宁场盐。四川井盐进入陕境走的基本是山路，主要有三条路线（图2-8）。

其一，盐从阆中场出发，走嘉陵江水道，至广元上岸，转陆运后经宁羌而至褒城，这是清代至民国时期记载的川盐入陕路线。事实上经过笔者团队的研究，汉江和嘉陵江在古代可能是一江两流，即这两江在古代同属于古汉江，且两江连通状况一直延续到明清时期，这为嘉陵江－汉江古通道上的人类活动（移民、商贸）提供了良好的交通条件，也对川盐入陕起到了至关重要的作用。《水经注》载："刘澄之云：有水从阿阳县，南至梓潼、汉寿，入大穴，暗通冈山。郭景纯亦言是矣。冈山穴小，本不容水，水成大泽而流，与汉合。庚仲雍又言，汉水自武遂川，南入蔓葛谷，越野牛，径至关城合西汉水。故诸言汉者，多言西汉水至葭萌入汉。"阿阳县是西

---

① 湖南省地方志编纂委员会：《湖南省志·交通志·公路》，湖南人民出版社，1996年，第46—47页。

汉时期的行政区划名，属天水郡，而梓潼指的是梓潼郡，在今四川梓潼，汉寿县即葭萌县，为刘备改设，在今四川广元。由此，《水经注》提及的"冈山"大概就是广元一带龙门群山中的一座，而在明《天下舆地图》中嘉陵江与汉江正是暗合于冈山的（图2-9）。明代的《大明九边万国人迹路程全图》和清代的《清二京十八省舆地图》等历史地图也将嘉陵江和汉江连接在一起。此外，《尚书·禹贡》《汉书·地理志》《水经注》等文献关于古汉江的记载以及嘉陵江、汉江流域部分地方志中的水文资料，都可以为此提供佐证。如果真是这样，那嘉陵江与汉江构成的通道自然也会是川盐入陕的重要通道。

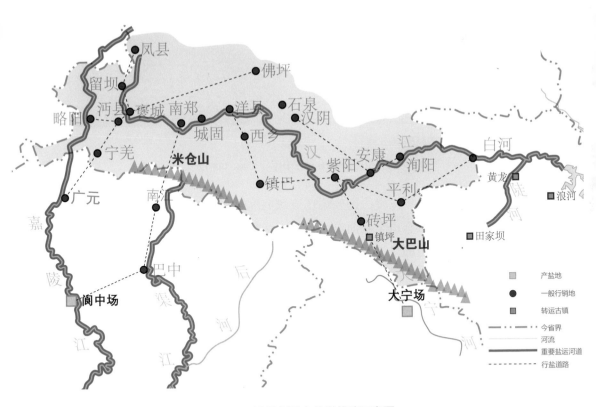

图2-8　清代川陕古盐道线路示意图

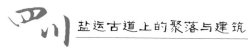

注：据《天下舆地图》（1594年）标记。

图2-9 明代地图中的"古汉江"与"冈山"

其二，还是从阆中场出发，运到渠江流域的巴中、南江，继续北上翻越川陕交界的米仓山至陕西汉江流域。这条线路早在秦末汉初就已经打通，是著名的"米仓道"北段。米仓山为川陕之界，历来是兵家必争之地，这一线路上因而发生过许多战事，但它在太平时节却是繁忙的商道。

其三，从大宁场引盐，走旱路翻越大巴山，向北纵贯镇坪全境，至砖坪、紫阳、安康等地，这条山路被称为"镇坪古盐道"，是川陕古盐道中目前保存最好的，被列为陕西省文物保护单位。走这条盐道要翻越大巴山，也是艰险非常，运盐主要靠人力背运，笔者调研时在镇坪遇到的70岁以上的男性中有80%是"盐背子"出身。

川盐进入陕境后，主要是通过汉江水道分销到陕南各地。早在春秋战国时期，汉江流域就成为重要的南北通道，连通关中平原、四川盆地和江汉平原，川陕蜀道中的陈仓道、褒斜道、傥骆道、子午道均经过汉江流域。特别是到了清代，秦巴山区解禁，加之清政府实行"迁海令"，鼓励沿海移民向地广人稀的内地迁移，引发了史称"江西填湖广、湖广填四川"的大规模移民运动，为汉江流域带来了大量人口，形成繁荣的商贸通道。不仅是盐，四川的蜀锦、药材、粮食和茶等都经由汉江流通，汉江沿线因此留下很多精美的会馆建筑（图2-10）。

A. 石泉江西会馆

B. 蜀河黄洲会馆

C.丹凤船帮会馆

图 2-10　汉江沿线的会馆

五、川黔古盐道

"贵州向无盐"，清乾隆以前贵州以川盐、淮盐、粤盐、滇盐为食，并沿用明朝的"纳米中盐"政策，即政府以盐换米：商人先运粮到贵州换取盐引，再到指定的产盐地采购食盐，最后将其运到指定的地区销售。这样行盐十分麻烦，使得贵州盐少且贵，大半百姓过着"淡而无味"的生活。从雍正七年（1729年）开始，川盐销黔无需"纳米中盐"，同四川省内一样实行"引岸"制，而川黔之间水陆通道均较为畅通，尤其是水运走乌江可直达贵州腹地，因而贵州（黎平府除外）渐渐只食川盐。

贵州需盐较多，主要采配于产量最大的犍为、富顺、荣县三个盐场，以及临近贵州省的彭水场。川黔古盐道上有著名的四大边岸——永岸、仁岸、綦岸、涪岸，大都设置在江河交汇处，以便更快将盐运往贵州。《清史稿·食货志》载："初川盐以滇、黔为边岸。而黔岸又分四路：由永宁往曰'永岸'，由合江往抵黔之仁怀曰'仁岸'，由涪州往曰'涪岸'，由綦江往曰'綦岸'。"这四大边岸是川黔古盐道的重要节点，船流如织，商贾云集，盛极一时（图2-11）。

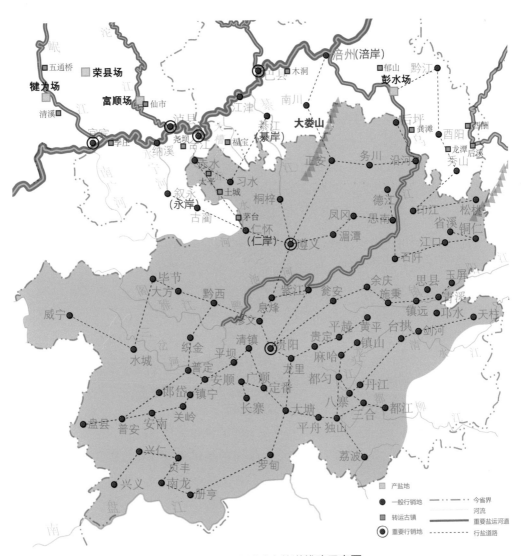

图 2-11 清代川黔古盐道线路示意图

（一）永岸

销往永岸的川盐自犍为场旁的五通桥或富顺场附近的仙市运出，在纳溪改用小船转运进入永宁河河道，逆行至叙永，由此分道进入贵州境内，沿途分销，直至威宁。从纳溪到叙永全靠永宁河水运，但永宁河河道狭窄，行船十分危险，明朝杨升庵《咏永宁河》诗云：
"永宁三百六十滩，顺流劈箭上流难。"这种情况在川滇公路通车
后才有所好转。

叙永县城作为川盐入黔的重要节点之一，至今仍保存着许多珍
贵的盐业遗迹。其中盐店街是盐文化的重要载体，街上著名的古建
筑"春秋祠"（亦名"陕西会馆"）为四川省文物保护单位，是重
要的盐文化遗存，也是川黔古盐道上盐商会馆的典型代表。

（二）仁岸

销往仁岸的川盐沿长江水道运至合江，再由合江溯赤水河至仁
怀厅（今赤水市）的茅台镇（此道即著名的"合茅道"），继而转
陆运至仁怀县（今仁怀市），后分运至贵阳、罗甸、安顺、黔西、
平越（今福泉市）等地。

合江县的福宝古镇位于川黔交会处，是富顺、荣县场盐出川入
黔的必经地，明清时期已成商业巨镇，镇中虽然只有一条 450 米长
的街道，但街中建筑依山而建，高低错落，别有趣味。街上的"三
宫八庙"地域风格突出，是四川山地建筑的典范。

从福宝继续南下，即可到达赤水河边上的茅台镇，这里既是川
盐入黔的水运终点，也是陆运起点。这个偏僻的小镇借着川盐入黔
与仁岸开设的契机，摇身一变成为川黔古盐道上的盐业重镇，吸引
了四方商人的光顾，因而有"川盐走贵州，秦商走茅台"之说，甚
至茅台镇一度改名盐商镇。而正是在繁荣的盐业贸易的带动下，茅
台美酒随着盐商远销各地，声名远扬，清人陈熙晋有诗曰："村店
人声沸，茅台一宿过。家唯储酒卖，船只载盐多。"

（三）綦岸

运往綦岸的川盐经长江水道运抵江津后，由此转綦江水道入黔，
至桐梓县松坎镇，再转陆运至遵义、贵阳等地。水陆全程 900 多里，
陆路走川黔大道，无论人背马驮，每负运 70～75 斤，运盐者就可

得盐 9～10 斤。1936 年通车的川黔公路正是沿着綦岸运道修建的，此后人背马驮的落后运输方式才渐渐从此线路上消失。

（四）涪岸

涪岸运道有水运和陆运两条。富顺、荣县、犍为场盐通过水运由涪州进入乌江水道，于途中再装上彭水场的盐一起运至龚滩，再经思南入黔境。陆运是从涪州至南川，再翻越川黔交界的大娄山进入黔境。乌江两岸绝壁陡峭，水急滩险，因险生奇，风光独绝，被誉为"千里画廊"。据民国时期《沿河县志》载："思南至涪陵三百四十八公里，中有大小险滩一百七十六处，小滩不计，外有险滩八十三处，航行之险可以想见。其中潮砥、新滩、龚滩为乌江三重天堑，上下不通舟楫。"即便如此，行盐之便依旧胜过了人们的恐惧，乌江沿线因此繁荣不衰。其间因盐而兴的古镇都极具特色，如有 600 多年盐运史的思南县，其城区中的安化老街至今还保存着建于光绪年间的周和顺盐号，盐号临江而立，兼具居住与商贸功能，厨房和盐仓巧妙围合成四合天井，具有典型的盐业古镇民居风格。龚滩、龙潭等也是远近闻名的盐运古镇。

六、川滇古盐道

川盐在云南的销区主要为东川府、昭通府和镇雄州两府一州所辖的会泽、巧家、恩安、大关、鲁甸、永善、彝良、绥江、宣威等州县，行盐范围不大，所以行盐者仅从犍为一场兑盐引，然后到五通桥的公仓领盐，装盐船下岷江，顺流行约 300 里到宜宾后分两路：一路到南广镇起运，沿南广河经庆符、高县，过罗星渡后转陆运到镇雄；另一路在宜宾卸载改装小船，沿金沙江逆行至绥江，再通过云南省内的山路运往各地，这一段古时候是"五尺道"的一段（图 2-12）。

川滇盐运的重要区域是川、滇、黔交界地带，这一区域水流急、落差大，自古水运困阻，有些地方由于水急滩险，必须分段水运，于是在那些货物起落转运的地段，逐渐形成专门服务船工、盐商的商铺、客栈，并最终发展为极具特色的商业古镇。因此这一地区凭借盐业经济的繁荣，兴起了许多具有典型商业特征的盐业古镇，如四川的五通桥、牛佛、罗泉、安边、南广，贵州的丙安，云南的老鸦滩、桧溪等，它们以四川南部的盐产地为中心，以岷江、沱江、金沙江、横江、南广河、赤水河等水系为依托，形成一个庞大的盐运网络。

图 2-12　清代川滇古盐道线路示意图

第三章

四川盐运古道上的聚落

第一节

产盐聚落

　　自汉代实行盐铁专卖，直至近代，盐业一直是国家支柱产业。四川的盐业资源绝大部分在地下，开采不易，且常用井火煮盐，投入较之他省为多，是以四川盐井一旦开凿就不会轻易弃置。这就使得四川的产盐地比较固定，经久不废，逐渐形成浓厚而鲜明的盐业特色。

一、产盐聚落的形成与分布

　　巴蜀地区的井盐生产有着悠久的历史，见于文字记载的即达两千年以上，而井盐业对于巴蜀地区整体聚落格局的形成有着重要作用，不少因盐而生、因盐而兴的产盐聚落对巴蜀历史的发展进程产生了深远影响。

（一）产盐聚落的形成：从自食到产业

　　根据人类获取食盐的方式可将人类历史划为盐自食期、盐交换期、盐产业期三个时期。不同时期，人类对盐业资源的利用程度各不相同，盐业资源对人类聚落的影响也有所区别。

1. 盐自食期

　　盐是人类维持自身生命不可或缺的物质。早期的原始人类可以从动物身上获取盐分，但这难以满足需求。在发明制盐技术前，趋盐性促使人们发现了天然盐泉，并在其附近扎根生存，从而逐渐形成聚落。这一时期，人类逐盐而居，自取自食。盐源是影响聚落择址的重要因素，四川盆地东部大量的考古挖掘成果，充分证实了人类曾在盐泉周边大量聚集。盐泉资源丰富的渝东三峡地区出土了大量人类化石，其中在今重庆市巫山县庙宇镇挖掘出的"巫山人"化石是迄今为止我国发现的最早人类化石。

2. 盐交换期

当早期人类进入石器时代开始利用工具煮盐后，与盐源距离的远近就渐渐不再是聚落择址首要考虑的因素。而随着烧陶技术的进步，盐的制取与储存越来越方便。在今重庆市忠县的中坝遗址群，从新石器时代晚期的堆积层中，考古人员清理出大量制盐用的尖底陶罐和一些长条形盐灶、储卤池（图3-1）。盐的大量制取与储存以及人类对盐的需求，促使盐逐渐进入交换领域，从而使盐在某些时期某些地区成为可充当货币的物质。在这一阶段，由于人们能用其他物质交换盐，盐源对聚落择址的影响不如从前，但产盐聚落因获得了更大的市场而迅速发展起来。

图3-1 忠县中坝遗址群出土的大量尖底陶罐

3. 盐产业期

随着制盐技术越来越成熟，井盐生产逐步扩大，一部分农业群体开始转入盐业生产中，逐渐形成一些以制盐、销盐为主要特色的大型盐业聚落，甚至发展成为区域经济中心，在中国步入统一的封建王朝后此种情况更是常见。许多考古发现都能验证这一点。新中国成立后，川渝地区发现了许多古文化遗址，如四川犍为巴蜀墓群、重庆九龙坡区冬笋坝遗址、重庆云阳李家坝遗址、重庆涪陵小田溪墓群等，其所在地及附近地区都有丰富的盐源，这些地方后来大都成为四川重要的产盐地。而在历史文献中，成都、犍为、涪陵、云阳、忠县、蒲江等地都曾是重要的产盐地。这一时期，盐源对部分以盐业为发展动力的聚落至关重要，而那些人口繁庶的聚落因生活所需同样不能远离盐源。

随着制盐技术的进一步发展，盐业逐渐成为国家的经济支柱。重庆忠县出土的宋代制盐遗址显示，当时该地每天可以生产 1.2 吨盐，以今人的食盐标准（每日 6 克）计，可供 20 万人日用。支撑如此大的产业规模，在没有机械动力的古代，至少需要上千名的盐工，其他相关工作人员及为了供养这些盐业人员而聚集起来的人更是不可计数，这些产盐地因此日益繁荣起来。忠县中坝遗址群中发现的用于制盐的尖底陶罐在 700 万件以上。此外，巫山大溪遗址，忠县哨棚嘴遗址、瓦渣地遗址、李园遗址、邓家沱遗址，丰都石地坝遗址都有类似发现。因此考古学家认为："中坝遗址所在的㽏井河谷分布有众多盐泉，使得这里从公元前三千纪的后半叶便出现了制盐业，并逐步发展成为三峡境内最大的盐业生产中心。"[1] 这些产盐聚落的密集出现体现了盐业对于聚落形成和聚落格局的深刻影响。

（二）产盐聚落的分布

前文分析过，整个四川四面高、中间低的盆地地势和西高东低的整体地势，令碳酸盐岩沉积环境大部分集中在四川盆地和渝东地区，也就是后来四川的主要产盐地。产盐地的诞生除了受自然地理因素影响，还与社会环境因素相关。在唐、宋、明、清这些经济发

---

① 李水城：《中国盐业考古》，西南交通大学出版社，2019 年，第 262 页。

展较好的朝代，四川产盐地的数量也较多，稳定的社会环境和繁荣的经济大环境能够催生更多的盐产地。

从销售市场来看，由明至清，川盐的销区从本省扩展到周边邻省，邻省销区又以南边的贵州省和东边的两湖地区为主。这进一步巩固且推动了四川盐区的产盐地向四川盆地东部、南部集中的趋势（图3-2）。

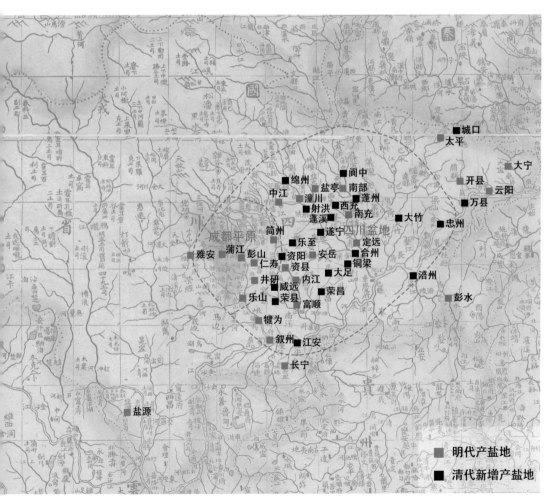

注：据光绪《四川盐法志》与《大清十八省舆图》（1882年）整理、标记。

图3-2　明清时期四川盐区的产盐地

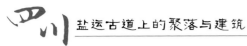

二、产盐聚落的特征

（一）形态特征

每个聚落的形态特征都与该聚落的性质有关，比如政治型城镇的总体布局形态具有很强的人工痕迹，而受"业缘"影响形成的产盐聚落在外观形态上更加自由，整体布局围绕盐的产、运、销展开，主要有以下特征。

1. 以盐井为中心

产盐聚落在形成初期，都是围绕开凿的盐井来聚集人烟的，所以盐井是产盐聚落的发展原点，而后生产资料（盐井等）与生产设施（锅灶、盐仓等）配套形成生产单元（各小场），各小场继而聚集扩大为大场，发展为配套完备的产盐聚落。在此过程中，盐井等生产资料丰富的聚落，其各小场呈点状分布，自行发展；而在盐井等生产资料较少的聚落，资源都集中于较少的盐井周边，使之呈团状发展，盐井是核心（图3-3）。在产盐聚落的初始格局中，盐业建筑的分布也是不均匀的。

A.自流井小溪场　　　　　　　　　B.贡井场

注：引自同治《富顺县志》和光绪《荣县志》，图中所有"井"状符号和高架均代表盐井。

图3-3　产盐聚落的初始格局

2. 沿交通通道生长

产盐聚落能否发展壮大，不仅取决于其盐业资源的丰富程度，还有赖于交通条件。交通越发达，产盐聚落就越容易发展壮大。《清初四川通省山川形胜全图》中出现的 23 处盐场，绝大部分都毗邻水道，或建有道路连接水道（图 3-4），比如南充县的李坝盐场紧邻嘉陵江，三台县

A. 大宁

B. 南充

C. 绵州

D. 三台

注：据《清初四川通省山川形胜全图》整理、标记。

图 3-4　四川部分盐场与水道关系图

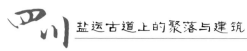

的玉泥盐场紧邻涪江，可见水路运输对于产盐聚落的重要性。随着
盐业经济的兴旺，产盐聚落聚集的人员越来越多，生活商业区随之
被开发出来。这些生活商业区多处在邻水地段，以便于货物运输、
人员来往，从而使得整个产盐聚落形态呈沿水岸或道路扩张的带状
（图3-5）。因盐卤资源的稀缺性，产盐聚落不得不在建设时尽量
适应和利用周边环境。如大宁县的王家滩盐场，自古因滔滔不绝的
盐泉"龙池"而闻名，且盐场地处两河交汇口，运输便利，然而盐
泉周围群山耸立，将空间分割成许多小块，导致内部交通十分不便（图
3-6）。盐场的人们因地制宜，设计"过篊"将"龙池"的卤水输送
到交通便利的开阔地再进行大规模熬制，于是后溪河两岸都形成了
产盐区和制盐区，而大宁河两侧的空地则形成生活区，两河交汇处
的一小块平地被改造为商业用地，聚落空间得到了充分利用。也有

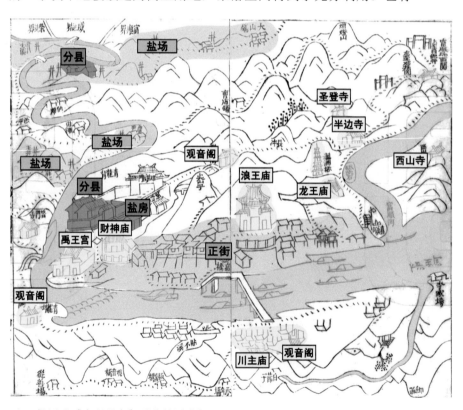

注：据同治《富顺县志》邓井关图考标记。

图3-5 邓井关盐场格局图

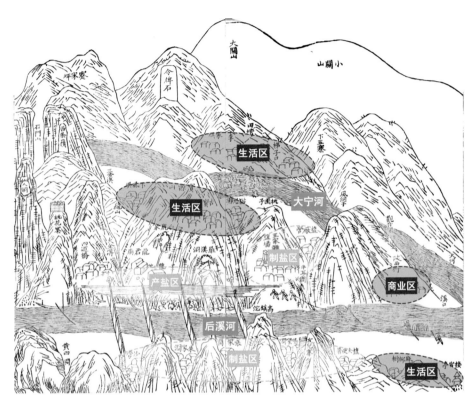

注：据光绪《大宁县志》盐场图标记。

图3-6 王家滩盐场格局图

一些产盐聚落因位于两河交汇处而存在大片空地，从而得以在河口处密集布置建筑物，呈现以河口为中心的聚集型发展态势。

（二）空间特征

自唐代实行官收官卖的"榷盐法"到清代实行官督商销制，四川的产盐聚落也从封闭走向开放。由此大量的外地资本因追逐盐利而涌入四川的产盐区，川盐销区扩张和两次"川盐济楚"政策更是加速了这一进程，四川产盐聚落原本自给自足的状态被打破，居民结构多元化，经济需求多样化，聚落内部的生产空间、管理空间、商业空间以及祭祀空间都不断扩大优化、融合发展，使得聚落规模也不断膨胀。

生产区是产盐聚落的主要功能区，在有水道的情况下，人们尽可能紧邻着水道开凿盐井，搭建盐灶。管理区主要分布着盐业官署建筑，其一般落址在聚落中心附近，并与商业区、祭祀区等紧邻，构成大的生活区。聚落整体上形成以生活区为中心、生产区沿水道延伸的内部格局。商业街往往平行于河道，成为正街，官署类建筑一般分布在正街上，是产盐聚落建筑组团的核心，此外还有寺庙、宫观等公共建筑，它们又可以分为两类：一类是祈求风调雨顺、盐业生产顺利的庙宇建筑，一类是由盐业人员主持或参与兴建的会馆建筑。

三、代表性产盐聚落分析

民国时机械化在四川盐场普及开来，许多传统盐场即因生产能力低下而被裁并，其中一些甚至丧失了产盐功能而转化成给新盐场提供居住、贸易服务的集镇，而后也渐渐衰落。在实地调研中，笔者发现曾经的四川产盐聚落如今可归为三类。

其一是不再产盐且无盐业遗存的聚落。这类产盐聚落有的因为现代化建设，历史遗存被拆毁，有的因为遭遇水位升高而不复存世。如重庆云阳县的云安古镇，文献记载当地于公元前206年就开始凿井产盐，至唐宋时期除了产盐区，开始形成商业街道，之后一直作为以盐为主要商品的商贸集镇，也是典型的移民聚落，来自五湖四海的商人们聚集于此，修建了具有不同地域风格的"九宫十八庙"，盐业文化、移民文化、祭祀文化在云安交融发展，是峡江地区重要的古镇样本。如今的云安古镇则因长江水位的升高而被淹没在水底。

其二是不再产盐但有盐业遗存的聚落。这些聚落虽然已经丧失了产盐功能，但还保留有一些盐业遗迹和相关民俗。如四川资中县的罗泉镇，产盐历史可追溯至秦，到民国以后停止了产盐，转而以白石开采为支柱产业，但古镇完好地保存下来，镇上的盐神庙是目前四川现存唯一祭祀盐神的庙宇（图3-7）。

其三是仍具产盐功能的聚落。这类聚落现存很少，只有转型较好、具有代表性的传统盐场才会继续生产，并被开发出旅游价值，如大英县卓筒井镇的大顺灶和自贡东源井、燊海井等，都保留有完好的盐业生产遗迹（图3-8）。

图3-7　罗泉古镇盐神庙　　　　　　图3-8　自贡盐场现状

（一）"盐都"自贡

自贡地区在汉代便开凿了盐井，该井出盐多，邑人借以获重利，故以"富世"名之。北周时因富世盐井而设富世县（今自贡市富顺县），因大公井而设公井镇（今自贡市贡井区），盐井的进一步开发吸聚了大量从事盐业的人，包括盐工和盐商，带动了经济的繁荣。

自贡地区在明清时期得到了显著的发展。清末太平天国运动引发了第一次川盐济楚，持续了数十年，据冉光荣先生估计，楚岸月销川盐720万斤，这还不包括无法计算的私盐在内，期间行楚川盐专配犍、富两场，得此良机富顺场一跃成为四川盐业生产中心，场区几乎家家户户都从事川盐生产。盐场中的聚落最初是围绕一个个开凿好的盐井形成的，建筑布局呈散点状，随着生产规模越来越庞大，盐井凿到哪儿，街道就延伸到哪儿（参见图3-3：A）。之后自贡地区内的各小场逐渐合并，形成富荣东场和富荣西场（图3-9），分别由富顺县和荣县管辖，两场均依河（釜溪河、荣溪）而建，街道布局也与一般城镇不同。

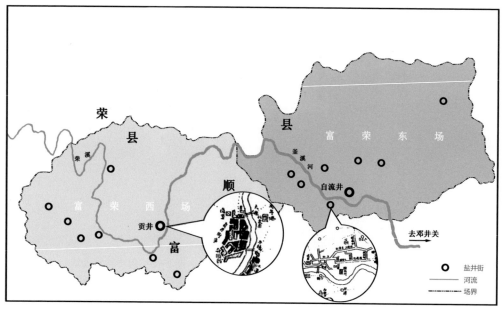

图 3-9　1919 年的富荣场示意图

全面抗战爆发后，1938 年开始第二次"川盐济楚"，由此自贡地区再次获得重要发展机遇，政治、经济地位空前提升，成为大后方十分重要的经济、工业中心。1937 年，富顺和荣县两地人口已超过 30 万，符合国民政府关于人口超过 20 万即可设市的标准，遂于1939 年将富顺县第五区的桐垱镇等七个乡镇和荣县第二区的贡井镇、艾叶乡、敦睦乡等划归在一起，正式成立自贡市，成为国民政府第一个省辖市，市名即取自"自流井"与"贡井"。可以说，自贡市的成立是自贡地区千年盐业生产结出的成果。这一时期，国民政府下令增产川盐，并提出"增加产量首先从富、荣两场着手"，在关系民族兴亡的时代背景之下，富、荣两场获得了大量资金、劳动力和新技术，井灶数量及产量都大大超越前代，自贡市也因之欣欣向荣。

新中国成立后，工业科技大步向前，富荣场的盐业生产活动几乎全部转为自动化。同时政府也不断对自贡市的辖区构成进行优化，最终形成了今天"四区两县"的格局，这四区两县的命名，也大体因袭旧名：自流井区（自流井）、贡井区（贡井）、沿滩区（沿滩）、大安区（大坟堡）以及富顺县和荣县。由此各盐产地终于汇聚为"盐都"。

历史上自贡的发展主要得益于盐业经济，其地域文化活动——行帮活动也因之非常丰富。行帮活动指祭祀行业神的活动，盛行的有观音会、东岳会、娘娘会、王爷会、詹王会、炎帝会、城隍会、老君会、川主会、雷神会、牛王会等。炎帝会是富荣盐场的烧盐工人为互相帮助、避免受到欺负而自筹资金建立的行会，民国年间富荣盐场登记入会的有 4000 余人，入会者需要定期交"香钱"，逢腊月办会两次。詹王会是井灶上炊事者的行会，贡井区的厨师们每年某日会聚集在一起，杀鸡宰羊祭祀厨王。除了行帮活动，自贡还盛行灯会，每逢新年、元宵，人们都会举行大型提灯会。因为自贡聚集了天南海北各行各业的人们，所以其花灯也融合了各地人们的创意构思而富有民族风格、地域风情。直至今日自贡灯会仍是全国知名的一大盛会。这些会节的诞生与传承都与盐业有着密切关系。

如今的自贡市经过了现代化的洗礼，产业机构早已多元化，富荣盐场绝大部分也已经转变为现代化城镇，但千年的盐业发展史给今日的自贡留下了不可磨灭的印记。以自贡市自流井区为例，釜溪河两岸的自流井老街和解放路，正是由清代自流井小溪场内的正街和兴隆街演变而成，而陕西庙、王爷庙、张爷庙、三台书院、自流井县丞署等皆有遗存保留下来（图 3-10），承载着这座城市的辉煌历史。

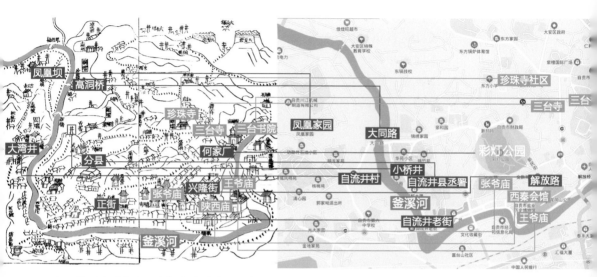

注：据同治《富顺县志》自流井小溪图考标记。

图 3-10 自流井小溪场古今对比图

（二）"千年盐场"宁厂古镇

宁厂古镇是由千年盐场大宁盐场发展而来的，坐落在巫溪县城外北部的河谷中，被后溪河和大宁河两条河流包夹，盐卤来自后溪河北岸宝源山流出的天然盐泉。据文献记载，此地的盐泉是中国最早被发掘利用的盐泉，《山海经》《水经注》《舆地纪胜》等古籍都对其有所记载。正是因为这口盐泉，唐代大宁被列为全国"十监"之一，清代和民国的两次"川盐济楚"进一步促进了大宁盐场的繁荣，当时古镇有万灶盐烟，盐工和居民人数超过十万。

清代大宁盐场的空间格局是经过上千年盐工的建设而形成的。不同于四川其他的盐场，该场无需开凿盐井，此地有一天然盐泉，卤水会自然涌出。通过光绪《大宁县志》盐场图可以知晓，这处盐泉被称作"龙池"，盐工通过"过笕"将龙池中的卤水输送到后溪河两岸交通便利的开阔地熬制。过笕的出现至迟不晚于南宋嘉定年间，相传是当时的一位盐官总结前人经验发明的。光绪《大宁县志》卷三记有过笕的制作方法："以篾编绞成束，与大船之坐簟相似，

由岸北飞悬至南，以系枧竹。"枧竹，即竹枧，可用于输送卤水。"过
篊"至今留有遗迹，笔者在实地调研过程中发现，在龙门峡西岸高
出河面几米的崖壁上，布有许多均整方正的石孔，孔径约20厘米，
孔深30厘米左右，孔距130厘米左右，孔眼上下交错成倒"品"字，
这些石孔便是曾经用来固定飞悬河面的篊篊的，以支撑运送卤水的
竹枧（图3-11）。

图3-11 大宁盐场"过篊"遗迹

"过篊"的发明使大宁盐场产量大增，并传播到四川各产盐地，
推动了整个四川盐业的发展，甚至影响了当时当地的风俗，形成了
一个地方会节——过篊节（也叫绞篊节）。过篊起初用篊篊，后来
出现了铁篊，铁篊经久不坏，篊篊为竹制，往往一年一换。《舆地
纪胜》载："（大宁）盐泉有绞篊，引泉踏溪，每一枧用一篊，其
枧与篊经一年，十月旦日以新易陈，郡守作乐以临之，井民相庆，
谓之绞篊。"

宁厂古镇附近还保留有较完整的盐灶、分卤的卤池，但出卤的
龙头已被毁，盐泉附近的民房都是过去盐工的住所，沿河岸绵延了
七公里长。由于岸边土地狭窄，所以街道都是半边街，其一边是建筑，
另一边是崖坎，如今年轻人大多已迁出，只有少数老人仍不愿离去，

笔者调研期间，常见他们整日守于屋檐之下。

现如今，大宁盐场遗址作为第八批全国重点文物保护单位被保留下来，配套盐场建设的祭祀建筑如龙君庙、观音庙等，大多是毁而复建，不少村坝如李家坝、麻柳树等都保留了原有的名称（图3-12至图3-14）。遗憾的是，宁厂古镇文物留存情况整体不佳，作为千年来见证人类利用盐泉生产的代表性盐业聚落，宁厂古镇亟待加强关注与保护。

图 3-12　盐泉遗存　　　　　　　　　　　图 3-13　宁厂古镇半边街

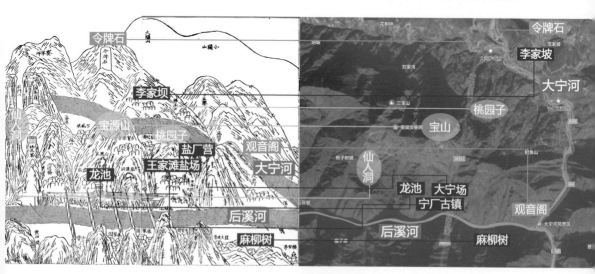

图 3-14　大宁盐场古今对比图

第二节
运盐聚落

清代川盐鼎盛时期，其产盐州县数量不过 40 上下，而当时川盐的行销地却遍布四川境内以及周边邻省数百个州县。大量的川盐常年源源不断地被从产地运往埠地销售，在此过程中盐道不断被修正，以尽可能多地连接不同聚落，从而让川盐销往更远更多的地区。这些聚落中的一部分因地理位置优势等成为所在区域的盐运中心或枢纽，进而快速发展起来，成为"运盐聚落"。

一、运盐聚落的形成与分布

四川井盐业的兴盛不仅繁荣了产盐地，催生出许多产盐聚落，而且在四川盐运线路上刺激了一批聚落的产生或进一步发展。如前所述，在盐商、盐背夫休憩或盐船转运的地方，容易形成专门为其服务的驿站或市街，久而久之，一些主要服务于盐运的聚落就围绕这些驿站或市街发展起来了。还有一些聚落并非因盐运而产生，但因其位于川盐古道的重要节点，不仅其经济受到盐业贸易的广泛影响，聚落本身也受到了盐业文化的浸润，在聚落格局、建筑风格等方面发生了相应的改变，有些农业聚落还因此转为商业聚落。这些聚落都是因盐而兴，其居民主要围绕盐的转运、储存、销售等展开生产生活活动，盐运活动对其发展乃至生存都有至关重要的影响。

运盐聚落的分布主要有如下特征。

1. 分布于水路与水路的交汇点

这类聚落多处在两河间因河流冲积作用而形成的缓坡处。在四川，水运是最便捷的运输方式，两河交汇处因而常常成为货物的中转地、运商及工人的休息地。加之河流冲积处地势平坦，便于聚居，易发展成聚落。在一些大江大河的汇流处，这些聚落由小变大，乃至成为府县治所。虽然盐业活动并不是其聚落形成的决定因素，但在一定程度上会影响聚落的后期发展。这一类聚落的代表有岷江、长江交汇处的宜宾，嘉陵江、长江交汇处的重庆主城区，大宁河、洋溪河交汇处的大昌等。

重庆主城区位于嘉陵江与长江的交汇处，四川盆地内所有船只出入四川必须经过重庆，所以重庆在清代成为西南地区仅次于成都的府城。特别是在清末第一次"川盐济楚"时，为救济所食淮盐受阻的两湖等地区，川盐通过水运经重庆进入楚地，在汉口经营淮盐生意的徽商也大举西进重庆，在汉口至重庆长江段做起川盐生意。从清晚期绘制的《渝城图》中可以清晰看到今重庆朝天门码头外舟楫密布，不远处长江水道边有两艘专门标注了名称的盐船——"羊渡溪盐船""涪州盐船"（图3-15）。

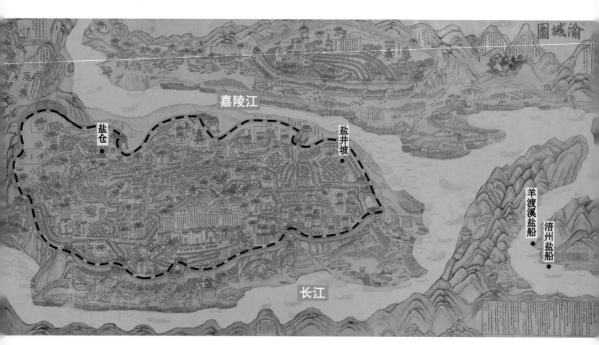

图3-15 《渝城图》中的盐运情况

2. 分布于水路与陆路交通的转折点

这一类聚落多由码头发展形成。在盐运过程中，有时候要从水运转陆运，于是在转运的河道边会形成较大的停船码头，盐船在此卸货，又换装到陆运交通工具上，这需要耗费一定的劳力和时间，因此码头周边自然而然形成为来往客商提供住宿餐饮和贸易服务的聚落，如清末兴盛的土城、福宝、西沱等城镇都是依河而建、靠水陆转运活动而发展起来的。

习水土城镇原名滋州，坐落在赤水河边，是川盐进入贵州后的重要转运地，盐船行到土城镇后再改陆运至贵州北部各地（图3-16）。川盐鼎盛时期，土城镇里的盐号多达十几家，现在老街上仍有保存完好的盐号和船帮会馆旧址（即王爷庙，图3-17）。土城盐号建于清代末期，建筑占地面积约800平方米，被甲、乙、丙、丁四个盐仓围合起来，盐的装卸多是临时雇佣附近的老百姓，所以当时的土城镇可以说全民仰食于盐。

图3-16 习水土城镇的地理区位

A. 盐号旧址　　　　　　　　　　　　　　　B. 船帮会馆旧址

图 3-17　习水土城镇盐业遗存

3. 分布于陆路交通的中转点

这一类聚落多由深山村寨发展而成。陆路运输在四川盐运中是水路运输的补充形式，在没有水路或者水路凶险、不宜运货的情况下，需要背夫和马帮负盐穿行。相比于水运，陆运线路虽然更加灵活，覆盖面更广，但运输量小，人和马匹负重步行每日为 30 ～ 60 里，因此陆运线路上往往每隔 30 里左右会形成一个小集镇，相隔约 60 里会形成一个大集镇，供往来商贩歇脚（图 3-18）。这些集镇起

图 3-18　盐道上的大小集镇分布示意图

初大部分只有几户人家，后随商贸的繁荣而渐次兴起，许多经过的商贩也不断扎根下来，因而发展成较大的聚落。此类聚落的代表有利川柏杨坝镇、宣恩县彭家寨等。

柏杨坝镇位于奉节与恩施州的交界处，是川盐济楚长江线陆运通道的重点节点，因盐运而繁荣，镇上的古街即由过去盐背夫走的盐道发展而成，当地有名的美食也是由卤水制成的豆腐。距镇中5公里处有一大水井古建筑群，其中一栋李氏庄园兼有鄂西吊脚楼和欧式建筑风格，庄园的建造者即靠在鄂西贩卖私盐起家（图3-19）。

图3-19 柏杨坝镇大水井古建筑群

二、运盐聚落的形态特征

（一）形态特征

产盐聚落作为主要受"业缘"影响而产生的聚落，其外观形态比较自由。它们受生产资料或生产设施这些既有资源所限制，哪里有资源，聚落建设就围绕着哪里展开。而运盐聚落整体布局则围绕盐的运销展开，也就是围绕盐贩的盐业活动展开。在古代，长途运输是非常困难的，尤其是主要依靠人力的陆路盐运。为了尽可能减小运输难度，盐贩会寻找最为方便的路线并使之固定下来，因此运盐聚落的形态常呈线形，一般具有如下三种特征。

1. 水陆中转处的聚落以水岸为基线展开

盐运线路上的水陆中转处，多是由河道码头发展形成的聚落，这些聚落的形态可分为两类，但都是以水岸为基线展开的。

一类是基本沿河岸平行发展的，方便将下船的货物直接运送至商业主街。以乌江旁的龚滩古镇为例，龚滩古名龚湍，以乌江湍急而得名。明万历年间，凤凰山岩崩，落石堵塞乌江，舟楫不通，因而在其上下形成两座码头。乾隆《酉阳州志》称龚滩为乌江第一险滩："大江之中，横排巨石……舟楫不能上下"，所以这里成为水陆转运的必经点，犍为、富顺、荣县、彭水场生产的盐都要经过这里运往各地。龚滩从码头发展到镇区的规模，完全是依靠水陆转运的商贸活动，其主街道沿乌江水岸绵延 3 公里长。

另一类是垂直于水岸，顺山势逐层架构，如石柱县的西沱古镇。西沱在秦汉时期就已经是川东地区重要的水陆转运口岸，清代销往两湖地区的川盐运输到这里即起岸、装包，继由盐背夫翻越方斗山送至川鄂边界。客栈老板和商人为了招揽来往的商旅，沿上山的盐道搭建商铺，因此西沱古镇的聚落形态是一级级随山势向上延伸，直到山巅。镇中主街有石梯千步，绵延数千米，高差超过百米（图3-20）。西沱古镇在众多运盐聚落中也是较为特殊的。

注：据道光《补辑石砫厅新志》西界沱舆图标记。

图 3-20　西沱古镇垂直于长江展开示意图

2. 陆运中转处的聚落以盐道为中心发展

在长距离的川盐陆运中，一些山区里的村寨作为中间站，承担着供往来商人休憩和交换物资的功能，它们逐渐以盐道为中心发展起来。以恩施椒园镇庆阳坝村为例，庆阳坝村有一条不通货船的溪流，也不临大路，但在两次"川盐济楚"时期，盐贩往来川、鄂、湘时常常经过此处，遂形成一条长约两百米的商业老街。据当地老人介绍，这条老街就是古代盐贩们走的盐道。庆阳坝村老街最有特点的是屋顶出挑非常大，两边的屋檐可以直接在街道的上空覆盖形成风雨廊（图3-21），赶集很是方便，到现在当地还有日常的赶集活动。

图 3-21　恩施椒园镇庆阳坝村商业老街屋顶

3. 布局讲究风水

古人非常讲究堪舆风水，而运盐聚落对风水尤为看重。四川运盐主要靠水路，因此运盐聚落在风水上常要考虑对"水"的处理。例如自贡的仙市古镇，其是自贡井盐顺釜溪河外运的必经之地，古代认为水象征着财富，而釜溪河向东滔滔不绝，自贡盐商们担心财随水逝，于是在仙市的釜溪河畔夹子口筹建了一座王爷庙（川主庙），以求镇住水口，将财源留在本地，也用来祈求盐运顺利，可惜这座王爷庙现已不存。

又如位于犍为东北部的罗城古镇，是古时候的运盐重镇，但该镇坐落于山丘顶上，附近一条河流都没有，常有旱年，是当地有名的"旱码头"。为弥补地理位置的劣势，明崇祯年间，建设主街时将其设计成船形，"舟在水中行，有舟必有水"，寓意"招财纳水""风调雨顺"，时人称之"山顶一只船"，又称"云中一把梭"。船形街坐东向西，全长350米，人行走的街面是船底，两边被称为"凉厅子"的沿街长廊是船舷，街面中央的古戏楼是船舱，街尾的灵官庙是船尾，现在都还保存完好，从街道上空看去极具特色（图3-22）。

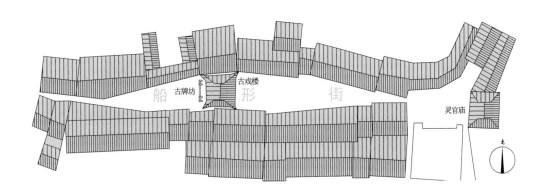

A. 船形街屋顶平面图

B. 鸟瞰图

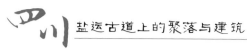

C.古戏楼

图 3-22　罗城古镇组图

（二）空间特征

相比于产盐聚落由生产区、管理区、商业居住区、祭祀区等互嵌组成，运盐聚落的空间构成较简单，大部分只有商业居住区和祭祀区，并具有如下特征。

1. 聚落中心是商业街

运盐聚落的中心不是官署或某一建筑，而是整条商业主街，所有建筑都沿着商业主街呈带状展开。这一点几乎在所有运盐聚落中都能得到印证。不论是沿渡口而建的尧坝古镇、福宝古镇，还是陆运节点恩阳古镇、老屋基村，不论是规模较大的仙市古镇、西沱古镇，还是规模较小的沿口古镇、庆阳坝村，都是先建立起一条商业街，再以街为中心发展扩建（图3-23）。在这些运盐聚落中，主街上的店铺是最多的，最重要的建筑如庙宇等都会落址在这条街上。以福宝古镇为例，其"三宫八庙"除了王爷庙和观音庙不在主街回龙街上，其余建筑占据了回龙街五分之二的空间。

A.尧坝古镇   B.恩阳古镇

C.福宝古镇   D.老屋基村

E.西沱古镇   F.沿口古镇

图 3-23　部分运盐聚落主街图照

2. 商业街都有朝向盐码头的进出口

无论是哪种运盐聚落，货流与人流都是从渡口码头而来，作为聚落中心的商业街自然需要与码头建立直接联系。以福宝古镇、仙市古镇和西沱古镇三个运盐聚落为例：福宝古镇的主街回龙街平行于作为运输水道的浦江河，一开始并不与码头相邻，而是通过回

龙桥与其衔接，但随着聚落的发展，很快就出现了连接主街与浦江河的福华街，在福华街与码头之间还刻意留出大片空地，以便卸货（图3-24）；仙市古镇是富顺、荣县两盐场运盐的起点，镇中也是在平行于河道的主街上开辟了盐码头的进出口，但比较特别的是，这个进出口并不像大多数运盐聚落一样直接留出一片空地，而是以"过街楼"的形式融楼台与通道为一体，设计十分巧妙（图3-25、

图 3-24　福宝古镇的盐码头与商业街位置关系示意图

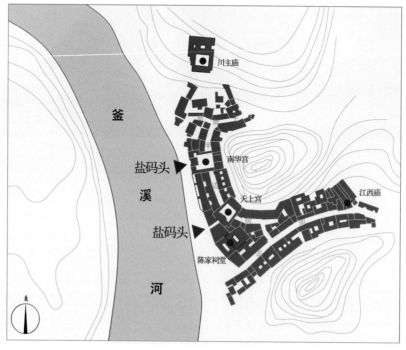

图 3-25　仙市古镇的盐码头与商业街位置关系示意图

图 3-26）；西沱古镇的商业街则垂直于水道建设，其主入口正对着渡口码头，恰能最大限度地将货流和人流引向街道内部（图 3-27）。

图 3-26 仙市古镇的过街楼出入口

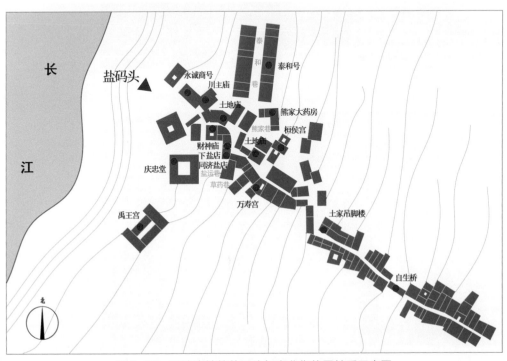

图 3-27 西沱古镇的盐码头与商业街位置关系示意图

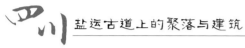

3. 商业街内的外乡会馆众多

不同于一般聚族而居的农业聚落，运盐聚落内的人大部分来自外地，客居异乡，于是其中的富商们纷纷在地理位置较好的商业主街内兴建同乡会馆，既作为祭祀家乡神灵的地方，也充当同乡联谊、议事的场地，通常以宫、庙、堂命名，如禹王宫是湖北会馆，南华宫是广东会馆，等等。这些外乡会馆共同组成了聚落的商业经济与祭祀中心（图3-28）。

A. 纳水溪村禹王宫

B. 铁佛古镇南华宫

C.仙市古镇天后宫

D.李家古镇天上宫

E.宜宾滇南馆

图3-28　各运盐聚落商业街内的外乡会馆

与产盐聚落类似，在实地调研中笔者发现曾经的四川盐区运盐聚落在如今也可以归为三类。

其一是利用交通之便继续发展的聚落。有些聚落因处于水陆交通发达的地方，随着现代化进程逐渐发展为城市，如川鄂古盐道上的恩施、宣恩、咸丰等，都是川盐济楚时期靠近清江水道的重要运盐聚落，当盐业衰落后，它们依靠便捷的交通条件在现代化进程中蓬勃发展起来，成为鄂西地区最重要的一批城市。

其二是偏离现代交通要道走向衰败的聚落。随着传统盐业经济的衰落，一些专司运盐的聚落顿失依凭，兼以地处偏远，远离现代交通要道，很难转型发展，终至衰败，如酉阳龙潭镇、恩施彭家寨等。不过，其中部分聚落因此留有不少盐业遗存，历史样貌保存得较为完好。

其三是因水利建设而被淹没的聚落。21世纪前后，长江干流上修建了不少大坝、水电站，一些沿岸的村镇面临被上涨的江水淹没的命运，不得不搬迁甚至拆除。如大宁盐的转运点大昌古镇，有1700多年的历史，于2003年开始整体迁移，原址于2006年被彻底淹没在水下，所幸大部分有价值的建筑得以移建于新址。

三、代表性运盐聚落分析

（一）西沱古镇：川鄂古盐道的起点

道光《补辑石砫厅新志》载："自临溪场北出楠木丫七十余里，北抵江岸、忠万交邻为西界沱，水陆贸易，烟火繁盛，俨然一郡邑也。"长江边上的西沱古镇，又名"西界沱"，古为"巴州之西界"，因临近处有一天然回水沱而得名。元代朝廷在此设置"梅沱"驿站，作为川鄂两省重要的物产集散地。清乾隆年间，于此设立巡检司总管川盐销鄂的盐务。这里的其他商贸活动也非常繁荣，蜀绣、丝绸等四川特产都需经西沱进入鄂西南地区。从西沱到鄂西南的恩施、利川等地有一条数百里长、三尺宽的青石板路，素有"长江千里古盐道"之称，而西沱作为它的起点，是名副其实的"盐镇"。西沱今存清代的"下盐店"和"同济盐店"，盐仓均保存完好，同济盐店共两层，上层前部悬挑于外，在底层自然形成灰空间的廊道，结构奇巧，是四川运盐聚落的重要遗存（图 3-29）。

西沱古镇最具标识性的云梯街也叫"天街"，是当时镇上各业老板为招揽往来盐商、抢夺盐业生意而兴建的，始于江边码头，随方斗山山势向上延伸，一直修建至山巅，形成了云梯街这一长江奇观，远看似蛟龙上青天（图 3-30）。云梯街长约 5 公里，与多条巷道一起构成"鱼骨状"街区。街上店铺鳞次栉比，有各种商号、盐店、客栈、茶楼、酒肆等。每段街区根据街中店铺主营行业命名，如盐运巷里大都开着盐店，草药巷周边大都是药房等（参见图 3-27）。农历每逢二、五、八的日子，周边地方的人们会到西沱赶集，本就不宽的云梯街摆上摊位就更加拥挤热闹了。云梯街两侧散布着各种宫庙会馆，如桓侯宫、川主庙、江西会馆等，逢年过节人们都会沿街举办各种庆典活动，表演水龙舞等当地特色节目，热闹非凡。

三峡工程修建时，云梯街的码头段被水淹没，清代修建的禹王宫、

图 3-29　同济盐店

三楚堂等公共建筑全都沉入江水。而今在原码头处修建了新广场，并在云梯街南侧地段复建了禹王宫和庆忠堂，重现了当时庙宇矗立、商贾云集的西沱码头场景。

沿着云梯街拾级而上，两侧的房屋是典型的渝东风格木构建筑，屋顶用小青瓦，四面出檐较深，在屋前形成回廊，可供避雨。西沱毗邻鄂西，兼以盐运发达，在民居建筑上自然会受到土家族、苗族民居的影响，因地形受限，西沱的民居大多建在多层叠砌的石坎上，有的柱网深埋在石坎中看不见，而上层向外悬空挑出一条外廊就是土家族挑廊式吊脚楼的典型做法，挑廊由底部的挑枋支撑，显得轻巧雅致（图3-31）。

图3-30　西沱云梯街实景

图 3-31 云梯街民居

（二）尧坝古镇：川黔古盐道的驿站

尧坝古镇自北宋时起就作为驿站，历史悠久，曾是古江阳（今泸州）到夜郎国（今贵州西南地区）的必经之路，当时在此居住的主要是瑶族百姓，故叫作"瑶坝"，后来汉人从北向南迁徙，入住瑶坝的汉人越来越多，因汉人崇拜尧、舜、黄帝，于是将"瑶坝"更名为"尧坝"。

清咸丰年间，四川总督丁宝桢奏请疏通川盐入黔的四大口岸航道，此议获准后从合江到茅台的赤水河险滩都得到治理，往来船只大大增加，富顺、荣县、犍为场的盐沿长江水道运至合江起岸，再装小船逆赤水河南行至"仁岸"，分售到贵州各地。乾隆《合江县志》记载："尧坝场，在县西七十里"，"当泸县赤水交通孔道，居民约四百家……以米、豆为大宗，多运销赤水"。尧坝位于合江、泸县、纳溪三县的交界处，又在泸县到赤水河之间，因此贵州向四川运输大型货物时会从水路中段起岸再驮运至尧坝，继而转运到泸县，反之亦然（图 3-32），这样可大大缩短运输时间。优越的地理位置使尧坝很早就设立了驿站，逐渐从小村落发展成尧场坝，并成为合江西部最繁华的一个场坝。

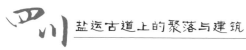
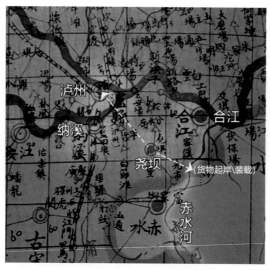

注：据 1932 年《四川最新明细全图》标记。

图 3-32　尧坝场的地理位置

　　盐背夫和马帮来往于尧坝，需要休息吃饭，于是场坝中沿南北方向蜿蜒发展出一条 1 公里左右的长街，街宽平均 5 米，因为商贩云集、货物齐全，这里渐渐成为远近村民赶集的去处。旧时，当地人认为尧坝之所以能发展得很好，还有风水上的原因。尧坝位于九龙聚宝山西面山脚下，九龙聚宝山与东面的大娄山脉相呼应，左右又有捡石山、棺山坝矗立，因而是古人眼中的"风水宝地"（图3-33）。

图 3-33　尧坝老街平面图

尧坝长街上的建筑主要有三类。

第一类是以寨门为代表的军事防御建筑。古代的川南地区因远离四川腹地，中间又隔着长江，常遭兵乱，尧坝能完好保留得益于其较完善的防御设施，六道寨门将1公里长的街道分为数段，发生兵乱时，内部人员就将两端的寨门关闭，然后往通向山间田野的寨门疏散。现今六道寨门已被拆除。

第二类是以东岳庙（又名慈云寺）为代表的祭祀建筑（图3-34）。尧坝建筑早期均沿长街建造，整体布局呈带状，明万历年间人们建造了东岳庙，后期长街即以东岳庙为中心发展。东岳庙顺应九龙聚宝山的山势设有四个院落、五座殿宇，通过阶梯抬升消弭高差，营造出神秘庄严的宗教氛围。街上除了东岳庙，还有土地庙、观音庙等。

第三类是以大鸿米店为代表的店宅建筑（图3-35）。为满足周边村庄百姓的需求，街上有各类油铺、米店、干鲜店、日用品店等，这些店铺大多采用前店后宅的形式，属于典型的穿斗式木结构建筑，落地柱多，空间较小，适合在山地建造，部分店铺采用了传统的竹编夹泥墙的做法。

图3-34　东岳庙

图3-35　大鸿米店

四川盐运古道上的建筑

第四章

盐业官署

盐业官署主要负责管控监督食盐的产、运、销，重点打击私盐。四川的盐业官署分级设置在盐区内各个重要的节点处，形成一个完整的管理构架，共同管控着四川盐业。

一、盐业官署的类型

四川盐业政策历经变化，从早期的"民制官销""全部专卖"到"就场专卖（榷盐法）"，最后发展到清代的"官督商销"和"官运商销"，各个朝代都在根据其当时情况对盐业管理政策进行调整和完善。从清代起，四川官盐开始大量向邻省输出，在销区扩大的情况下，为保证四川盐区生产和运销活动的正常运转，朝廷配套设置了大量的盐业管理机构，对四川盐务实行分层管理。

清初，四川盐法"隶巡按"；顺治初，置四川巡抚，驻成都，兼理盐政；其后不久，四川盐政改隶总督。康熙十三年（1674年），设督粮道，兼理盐务；康熙二十五年（1686年），改归按察司负责。雍正五年（1727年），以四川驿、茶、盐三项事务例由臬司兼管，稽核未周，乃增设驿盐道，专门负责驿传和盐务。乾隆四十四年（1779年），改驿盐道为通省盐茶道，"掌督察场民之生计与商之行息，而平其盐价；水路挽运，必计其道里，时其往来，平其贵贱，俾商无滞引，民免淡食"。同时设盐茶道库大使"掌盐课之收纳而监理其库贮"。此外，在产盐重地或四川与邻省交界处设置督捕盐务通判，专管周围盐场的盐务和计岸盐引验掣等事；在重要的产盐州县设置州判、县丞及盐课司大使、批验所大使、巡检等，对地方盐业进行监督管理；在一些重要的水路关口设置盐关、盐卡，负责盘验事务。这一体制稳定运行了较长时间（图4-1）。到了光绪年间，四川总督丁宝桢改革盐法，改"官督商销"为"官运商销"，在泸州设立官运盐务总局，负责官运盐务，并在各盐场、各引岸设分局、岸局及相关机构；同时在各盐场设立票厘局负责监管票盐运销，"厘则就灶征收，票则设卡察验"。宣统年间，改盐茶道为盐运使司，内设盐政公所，负责全省盐务。

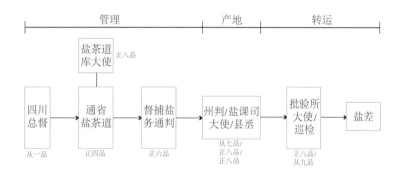

图4-1　清代中后期四川盐官等级关系图

因各级盐务机构职能和需求的不同，这些机构的选址有所差异，但大体可以归为两类：一类是统揽一方盐政的各级主管机构，如总督行署、盐茶道署、通判署等，其官署建筑大都落址在各级行政中心；另一类是专职负责具体盐务的基层机构，如盐课司、批验所等，其官署建筑往往设在辖区盐场中心或盐运线路重要节点（参见表4-1、表4-2、表4-3）。

（1）总督行署，为四川总督起居办公的场所，是四川巡查盐务、管理盐政最高级别的控盐机构。行署原在重庆府西，雍正九年（1731年）移建到成都府城南部。

（2）盐茶道署及盐茶道库大使署，为四川盐茶道和盐茶道库大使起居办公的场所，是四川盐区二级控盐机构，专司盐务与茶法，直接听命于四川总督。盐茶道署建在成都府城东北部，乾隆四十九年（1784年）被大火烧毁，后"盐茶道自捐赏培修"；盐茶道库大使署临道署而建。

（3）督捕盐务通判署，为督捕盐务通判起居办公的场所，是四川盐区三级控盐机构。四川盐区设有三位督捕盐务通判，衙署分别建在夔州府城、犍为县四望关（今五通桥）和射洪县太和镇（今武安镇）三地，统管附近盐场的盐务。

（4）盐大使署、县丞署、州判署，是控制盐场生产的基层机构，主要管理盐民和盐商赴场内活动及日常事务，一般设于各州县、各盐场中心。

（5）官运盐务总局、分局及巡检署、批验所、提拔卡（盐关）等，为管控川盐运输的机构。不同于上述控盐机构，此类机构职能明确单一，因此选址也较灵活，主要位于各盐运线路的重要节点处，其中官运盐务总局设在"泸州南关外三里……转运黔、滇、楚边计各岸盐"。

因水路运输在四川盐运中起着关键作用，从《四川盐法志》长江水道图中可以发现管控川盐运输的机构如官运局、巡检署等基本都设在行盐水系旁，而盐卡、盐关则更多地设立在行盐水陆隘口以及四川与邻省的交界处，以便盘查水陆转运和计岸外销的食盐（图4-2）。

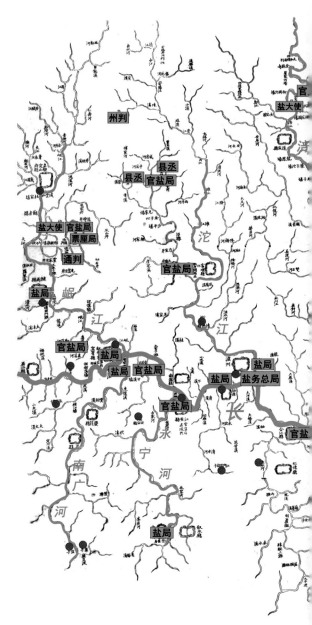

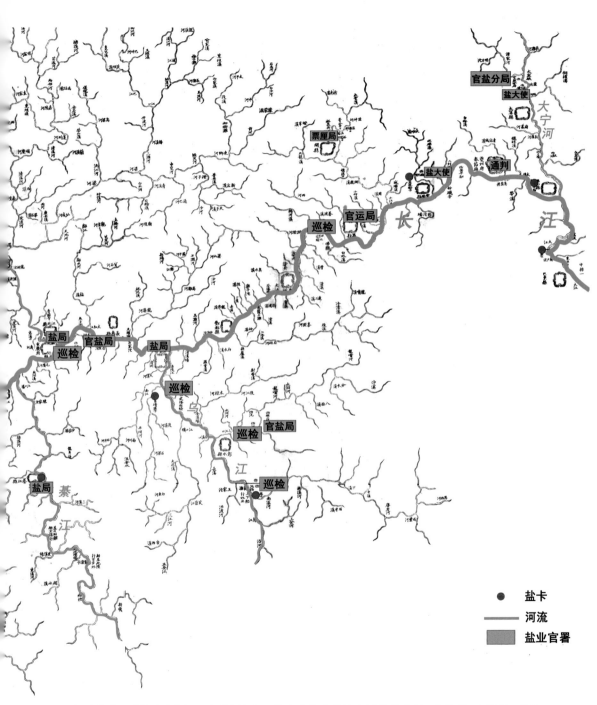

注: 据光绪《四川盐法志》长江水道图标记, 其中盐务总局即官运盐务总局, 官盐局、官运局、盐局、
　　官盐分局等皆为盐务相关机构。

图4-2　清末部分四川盐业官署分布示意图

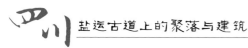

二、盐业官署的特证

《大清会典》中有对盐业官署规制的记载："各
省文武官皆设衙署，其制：治事之所为大堂、二堂，
外为大门、仪门，大门之外为辕门，宴息之所为内
室、为群室，吏攒办事之所为科房，大者规制具备，
官小者以次而减……盐运使司、粮道、盐道，署侧
皆设库。"从这段文献记载中可知，盐业官署与其
他官署规制大体一样，比较特别的是盐业官署旁边
会单独设立一个库房，专门用于存盐。这主要是针
对各级盐务主管机构而言的，基层的盐务机构如盐
课司、批验所等数量众多，规模较小，建造时多因
地制宜，布局灵活。

清代四川盐区的盐业官署规模普遍较小，大部
分只有两进院落。盐务主管机构如总督行署、盐茶
道署、通判署等基本设置在府城内，或者设分署在
盐场的中心位置，以便统一管理盐业生产和转运活
动（表 4-1）。

盐产地的基层盐务机构如盐大使署、县丞署等，
大部分设置在盐场区域内的河流旁，并处于聚落中
心位置，方便管理盐场的各项事宜，官署以两进院
为主（表 4-2）。

负责监管川盐转运的机构以官运总局为首，分
局、巡检署次之，一般设置在重要的水运节点处，
如川盐济楚的起点——西界沱。而盐关作为各盐运
道路上的关卡，数量繁多但规模较小，通常只有一
间或零星的几间房舍，并没有形成院落（表 4-3）。

表 4-1 四川盐区部分盐务主管机构官署图析

官署名称	四川总督（兼盐政）行署	通省盐茶道署
图照	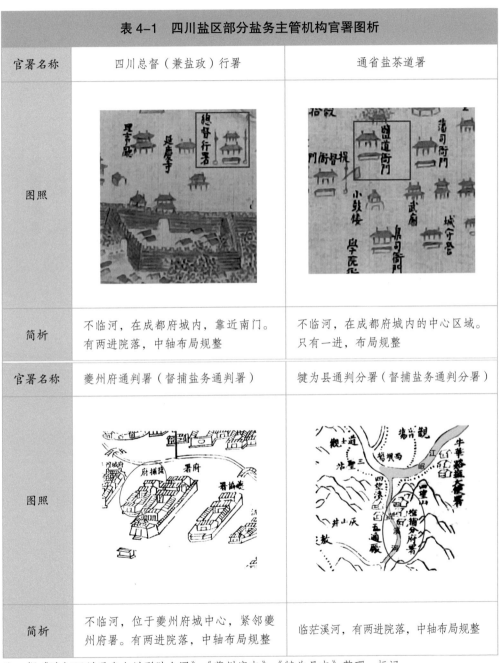	
简析	不临河，在成都府城内，靠近南门。有两进院落，中轴布局规整	不临河，在成都府城内的中心区域。只有一进，布局规整
官署名称	夔州府通判署（督捕盐务通判署）	犍为县通判分署（督捕盐务通判分署）
图照		
简析	不临河，位于夔州府城中心，紧邻夔州府署。有两进院落，中轴布局规整	临茫溪河，有两进院落，中轴布局规整

注：据《清初四川通省山川形胜全图》《夔州府志》《犍为县志》整理、标记。

表 4-2 四川盐区部分盐产地的基层盐务机构官署图析

官署名称	大宁县盐大使署	牛华溪盐大使署
图照	 	
简析	临后溪河，在大宁盐场内	临岷江，在牛华溪盐场内。由三栋房舍组成，无明显轴线
官署名称	邓井关县丞署	自流井县丞署
图照	 	
简析	临釜溪河，在邓井关盐场中心。有两进院落，中轴布局规整，门前有盐房	不临河，在自流井盐场的中心。有两进院落，中轴布局规整

注：据《大宁县志》《犍为县志》《富顺县志》整理、标记。

表4-3 四川盐区部分转运类盐务机构官署图析

官署名称	西界沱巡检署	乐山县盐关
图照		
简析	不临河,在西界沱的天街支巷内。有两进院落,中轴布局规整,大门前有照墙	临岷江,在乐山县城的西南门外。由两栋房舍并排组成
官署名称	江安县盐关	射洪县盐关
图照		
简析	位于长江和长宁河的交汇处,在江安县城的北门外。由三栋房舍组成	临涪江支流,只有一栋形如亭子的房舍,建在高台上

注:据《补辑石砫厅新志》《乐山县志》等整理、标记。

三、代表性盐业官署分析

（一）自贡福源井天府衙门

　　天府衙门位于今自贡市贡井区艾叶镇，原是凿于清代的福源井的配套柜房，负责收账和监管盐工，福源井废弃后，柜房就改作当地专门处理井灶纠纷的公堂，叫天府衙门，民国时期成为当地盐税机构的办事场所（图4-3）。新中国成立后，政府曾接管此地开办养老院，如今天府衙门已被纳入自贡市第一批井盐历史文化资源保护名录。

图4-3　天府衙门门廊

　　从现在保存下来的建筑群格局来看，天府衙门毗邻旭水河，四周建筑围绕其而建，有明显的向心性，这说明过去天府衙门是这个聚落的核心（图4-4：A）。天府衙门保存较好，建筑整体坐西向东，面宽约45米，进深约22米，建筑面积约990平方米。其采用天井四合院形式，成中轴对称，布局方正，主院和两侧的狭长天井都有对应的一个门厅直通外部，这是因为衙署最初是作为柜房使用的，需要方便屋内的掌事出门监督盐工干活（图4-4：B、C），而突出于其余开间的主院双柱门厅，则展示出衙署建筑的气派。

A.鸟瞰图

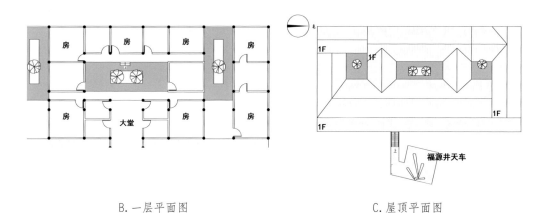

B.一层平面图

C.屋顶平面图

图4-4 天府衙门组图

　　现今，天府衙门的建筑主体结构基本完整，但墙面损毁严重，特别是主入口一面，因朝向河流而受潮倾塌，院落内的房间尚且保存较好。建筑内部分隔出19间面积不大的厢房，厢房的墙面以青砖为基础，上搭土墙、外覆白色泥灰，每版之中加辅木骨作为支撑。

所有厢房的门都不见了，只留下门洞，部分木窗保留完好，窗心的花样是菱形网状。天府衙门的装饰艺术还体现在一些细节上：主门厅枋上的瓜柱饰有云纹，下端雕有繁花；院落回廊的屋檐下垂莲柱出挑，柱头朝下被雕刻成宝灯，十分别致；屋顶正脊上的脊刹采用灰塑，如今虽然严重掉色但仍可见花样较为精致（图4-5）。

图4-5　天府衙门细部装饰

总体来说，天府衙门经过从柜房到官署的功能转换，其形制规整大气，但风格整体较朴素，部分细部装饰有别于普通民居。

（二）自流井县丞署

自流井县丞署位于今自贡市自流井区柏子山路，清雍正八年（1730年）富顺县在自流井设分县署即自流井县丞署，同治《富顺县志》载："县丞署旧在县治后堂东，明末圮，雍正八年移驻自流井，专司盐务，署在井厂正街后山。"可知自流井县丞署在清代的职能是专管盐务。县志中的一张有关自流井小溪场的图片也明确显示分县署在沿釜溪河建设的正街背后，与现今的位置相符，这表明该衙门后来应未迁址（图4-6）。

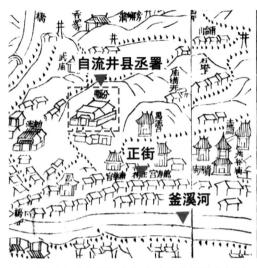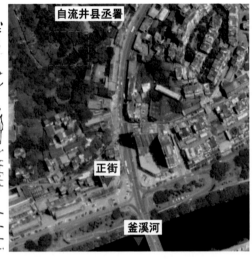

注：据同治《富顺县志》自流井小溪图考标记。

图4-6 自流井县丞署古今位置对比

到了民国，这里被改为地方法院，并加建了一个入口大门，整体是中西合璧的风格，八字门搭配石门框，柱头以石球装饰，入口铁艺门的上方和右侧是两块雕成拱券样式的石板（图4-7）。如今该建筑暂不对外开放，笔者通过无人机观察建筑的总平面，发现其格局与清代地图上的自流井县丞署有很大差异，其在清代本是两进的日字四合院格局，而保存下来的建筑却是封闭式三合院，且左右两厢长短不一（图4-8）。

图4-7 自流井县丞署入口 　　　　图4-8 自流井县丞署航拍图

制盐建筑

　　根据《四川盐法志》的记载，凿井分为初开井口、凿石、下石圈、锉大口、制木竹、下木竹、扇泥、锉小口八个步骤，每一个步骤都是综合前人经验改良而确定的。这一成套的科学严谨的凿井工艺，使清代四川盐场的盐井、火井数量激增，奠定了四川井盐业在中国盐业史上的重要地位。

一、制盐建筑的种类

（一）凿井：槁架、踩架等

　　凿井使用的工具非常多，包括槁架、石圈、踩架、锉、木竹、扇泥竹筒等（表4-4），有些工具在其他工序中也要用到。开凿盐井时，这一整套凿井工具依次登场，相互配合完成不同的任务，由于盐井开凿的过程往往十分漫长，部分工具长期处于使用之中，成为盐场的一种景观，因此可将这些凿井工具整体视作盐场建筑的一种。

表4-4　凿井工具

工具名称	图示	简介
槁架		类似辘轳的起重装置，用于提取挖井产生的泥土
石圈	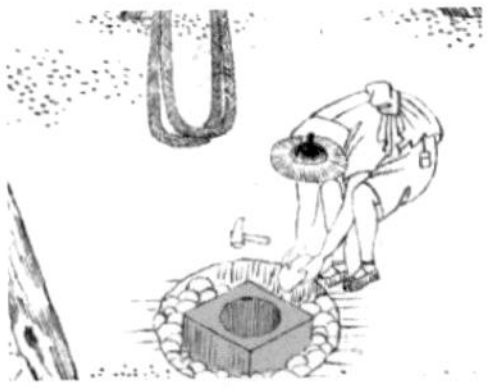	一般为方形，边长66～100厘米，中有直径30厘米的孔洞，可根据井深叠用，有隔水、固井的作用
踩架+锉	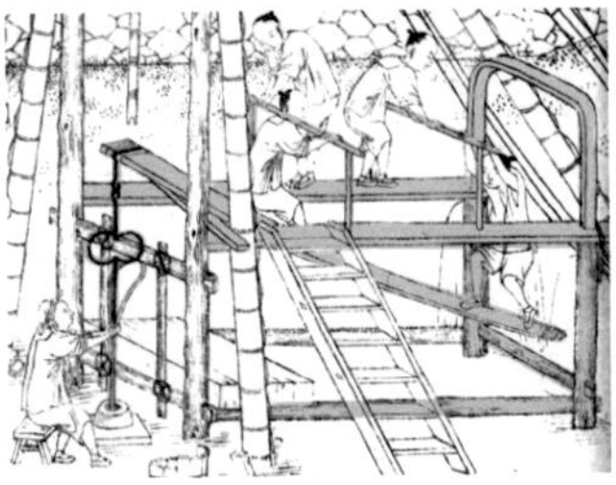	踩架，又称碓架，一端系锉（即钻头），一端以人力踩踏驱动锉钻井，常配合天车一起使用
木竹		石圈下放30多米后，开始安置木竹，木竹中间被掏空，底部经过削制可以互相连接，经过组合可下放至100米以下，有隔水、固井的作用
扇泥竹筒		竹制，类似当今针筒的吸水装置，可用于吸出井底的泥水，常配合天车一起使用

（二）汲卤与输卤：马车、置枧等

汲卤，就是将盐井井底产出的盐卤运输上来；输卤，就是将盐卤输送到煮盐场所。汲卤设施常与输卤设施配合工作，因此一并进行介绍。汲卤与输卤过程中常要用到天车、车房、小椿车、楻桶房、枧、马车等设施。

天车，也叫楼架，是一种架设在井口之上的塔式木构建筑，是重要的凿井、汲卤设施（图 4-9、图 4-10）。其一般由圆木榫合而成，接合处再用篾绳扎结固定，高度从十数米到上百米不等，架设后在一定高度处分层牵绳（俗称"风篾"，不同时代用料不一）固定于地面。自贡地区曾出现有上百米高的天车，是古代劳动人民创造的建筑奇迹。

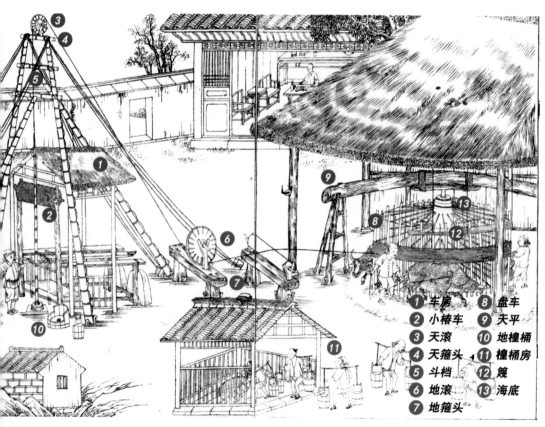

1 车房	8 盘车
2 小椿车	9 天平
3 天滚	10 地楻桶
4 天篵头	11 楻桶房
5 斗档	12 篾
6 地滚	13 海底
7 地篵头	

图 4-9 《四川盐法志》汲卤图

天车的动力系统由天辊（俗称"天滚"）、地辊（俗称"地滚"）、盘车共同组成。天辊、地辊是一对定滑轮，一设于顶，一设于地，通过绳索相连。盘车与地辊相连，大小及与天车的距离往往视天车高度而定，一般由畜力驱动（图4-11）。天车工作时，盐工即驱使力畜拉动盘车带动地辊，从而驱动天辊，为凿井或汲卤提供动力，旧时称作"推注"。

对于一些较浅的盐井，有时不设天车，以人力即可完成汲卤：在井口搭一"车房"，顶部设由滑轮组成的"小椿车"，两人共挽即可用竹筒从井底汲取盐卤。

采汲上来的盐卤暂存于盐井旁的"地楻桶"（前高一尺，背高二尺，直径四五尺）中，继由盐工转移到不远处的"楻桶房"贮存，达到一定量后统一运往煮盐的地方。

如汲卤空间与煮盐空间较近，即可以人力或畜力运输。若其相距甚远，如盐井与火井不在一处，且其间道路不便，则需要"置枧"并搭建"马车"（图4-12、图4-13）。《富顺县志》记载："邱垱

图4-10　源通井天车

图4-11　东源井盘车

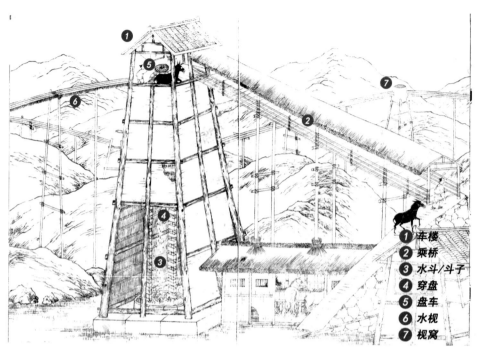

① 车楼
② 乘桥
③ 水斗/斗子
④ 穿盘
⑤ 盘车
⑥ 水枧
⑦ 枧窝

图 4-12 《四川盐法志》置枧图

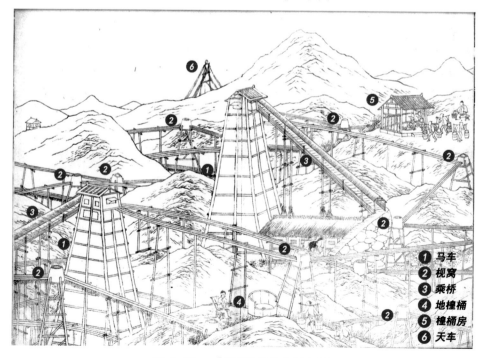

① 马车
② 枧窝
③ 乘桥
④ 地樟桶
⑤ 樟桶房
⑥ 天车

图 4-13 《四川盐法志》马车图

多水，龙新两埫多火，邱埫距龙新埫十余里，邱埫之斜石塔有黄水，亦隔火井十余里，中阻大河，沿途多山。"这种情况下，纯靠人力完成运输未免费时劳力，盐业人员因此发明了"枧"这种类似现代管道的输卤工具。

枧，与大宁盐场的篾笕类似，由掏空后的竹管制成（自清光绪始，逐渐被铁管代替）。枧道通常沿着山势搭建，或是开凿隧道，穿山而过（俗称"冒水枧"）。枧道往往是一年一换，届时常有节庆活动。

输卤路线不可能是笔直的，常有弯道，这时就要在枧道之间设置"枧窝"（图4-14）作为转向节点。枧窝类似于现今连接管道的转弯接头，主体是一个悬空的大木桶或石缸，下设木柱用以支撑，木桶或石缸周身开有合适的孔洞以连接枧道，常常是"一窝三枧"。

由于天车在高度上很难与枧道完成整合，旧时的盐业人员发明了"马车"这一汲卤系统。马车可谓天车的升级版，同样是建在井口之上的木结构塔状建筑，纵向由四根主木搭起框架，在框架的四面，两根主木之间每隔一段距离连有一横木，各面的横木中间钉有一整根长木用以加固。马车顶部建有"车楼"，可容采汲盐卤的盘车及拉车的役马与盐工，中部设有盛装盐卤的"穿盘"（木制的大盆），底部建有类似水车的"水斗"。马车通常有十数米高，将盘车与役马送上车楼时要搭建步道，盐工谓之"乘桥"。工作时，盐工牵着役马转动盘车，驱动底部的水斗将盐卤运到中部的穿盘中，穿盘与外面水枧相连，这样就实现了汲卤空间与输卤空间的有效串联。

图4-14 燊海井枧窝

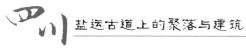

以一栋马车与数段枧为一个输卤单元，通过多个输卤单元的连接可以实现卤水从盐井到煮盐地的运输，这样的场景在古代产盐聚落中非常壮观。发展到清末，在一些大的产盐地，输卤管道回环穿梭，"高者登山，低者入地"，堪称奇景。可惜的是，马车和过山枧没有实物保存，只能在民国的老照片里见到（图4-15）。

图4-15 《川盐纪要》中的"马车"与"过枧"

（三）煮盐：灶房等

煮盐也就是通过熬煮的方式使盐卤结晶，是井盐产区主要采用的制盐方法。在四川地区，煮盐主要分为炭火煮盐与井火煮盐两种（图4-16、图4-17），

① 灶房
② 碓房

图4-16 《四川盐法志》炭火煮盐图

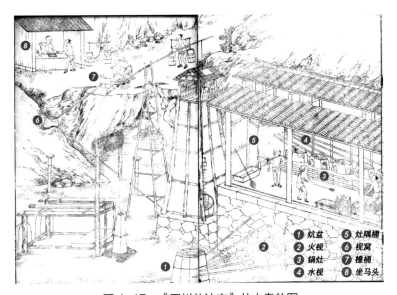

① 炕盆　⑤ 灶隔桶
② 火枧　⑥ 枧窝
③ 锅灶　⑦ 楻桶
④ 水枧　⑧ 坐马头

图4-17 《四川盐法志》井火煮盐图

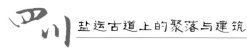
前者以煤炭为燃料，后者用天然气做燃料（另有柴火煮盐，以木柴为燃料，采用者较少）。无论采用哪种方法，盐场中的煮盐空间均被称为灶房。

根据《四川盐法志》记载，清代四川盐场使用炭火煮盐的居多，比如犍为、云阳、三台等场都是采用此法，当地常有妇孺以拾煤卖给盐场为生计。采用炭火煮盐与柴火煮盐的盐场，灶房通常会就近设在盐井旁边，构造相对简单（图4-18）。炭火煮盐的效率不及井火，如富顺场一口好的火井能烧六七百口灶，但清代一口火井的年租金高达40余两白银，因此只有一些大场才用得起火井。火井煮出来的盐质量较好，其按照提渣去卤的时间可分为花盐（一夜）和巴盐（两夜）两种。

采用井火煮盐的，灶房择址依火井位置而定，但并非直接设在火井旁，仍需搭设枧道导气，谓之"火枧"。一般是在火井上设一木制窗盆，盆上盖有带孔的木板，孔上覆以木席，席上再放置一个中空木箱，兼有储气与导气之用。火井旁需有专人看守，非常谨慎。使用井火时，按灶口数量用多根火枧从木箱内引气入灶房，灶民用家火引燃以熬煮盐卤（图4-19）。

图4-18 《川盐纪要》大宁场柴灶煎盐图　　图4-19 燊海井天然气煮盐

　　上述介绍并不完整，只涉及制盐建筑的一部分，但它们大都是制盐过程中经常使用的设施，集中体现了古代劳动人民的智慧。盐场兴建时会参照制盐工序排布这些建筑，小场紧凑、大场开阔，务使功能齐全、利于生产。笔者根据古籍资料构建了清代四川盐场模型（图4-20），从中可以更加直观地领略盐业生产者的智慧。

图4-20　清代四川盐场模型

二、代表性制盐建筑分析

　　四川盐区的制盐建筑作为我国物质文化遗产的重要组成部分，反映了古代手工业技艺的水平，意义非凡。如今，随着现代化工业的快速发展以及海盐的普及，四川的手工盐业迅速消亡。笔者通过实地调研发现，现在只有自贡市、遂宁市大英县卓筒井镇和内江市资中县罗泉镇保留有较为完整的清代盐场建筑群并且仍可生产，巫溪、云阳等地只有部分建筑留存。

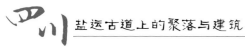

（一）大英县大顺灶卓筒井

大顺灶卓筒井建筑群位于大英县关昌村4组一座小山的山脚下，临天灯河（图4-21）。大英县的制盐历史悠久，北宋庆历年间，四川盐工成功发明了卓筒井小口钻井技术，使盐井从浅井迈入深井阶段。卓筒井曾遍布四川各地，从北宋至清代都有开凿，但如今仅大英县卓筒井镇尚存一些遗迹，其中又以大顺灶卓筒井保存最为完好并且仍可生产，因此这里成为研究卓筒井钻井技术的最佳样本。现存建筑有碓房、晒盐坝、筒车、灶房和盐工庐舍。

A. 鸟瞰图

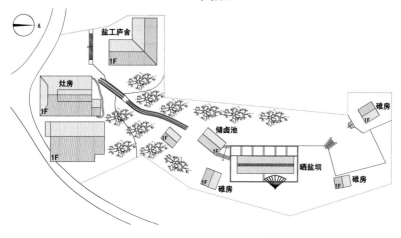

B. 平面图

图4-21 大顺灶卓筒井建筑群

1. 碓房

卓筒井多"以灶统井",大顺灶负责八口盐井的煎盐工作,包括坝子井、下广井、上广井、坟山井、自蓬井、老井、深井、乱葬坟井。这些盐井基本设在山坡上,每口盐井都配有一间碓房(图4-22)。因为这些盐井的开凿时间较早,所以碓房旁边放置的凿井工具主要是"碓架子",汲卤设施则是"花车"。

2. 晒盐坝与筒车

晒盐坝设在碓房附近,是一个巨大的竹木穿斗式结构的人字形建筑,长18米,高6米(图4-23)。晒盐坝上铺满荆竹桠,顶部放置木制天船。晒盐坝侧边立着一个高7米、直径6米的筒车,由人力驱动,可将外圈竹筒里的盐卤送入天船。盐卤会顺着天船底部的小孔漏向荆竹桠,继而流入地面的石坑,最终转移到旁边的储卤池中。在筒车风力和自然晾晒的作用下,盐卤浓度得到了提高。

图 4-22　大顺灶碓房

图 4-23　大顺灶晒盐坝

3. 灶房

灶房设在山脚临近道路的空地,以便于快速送出成盐(图4-24)。灶房采用穿斗式木构架,室内空间被设计成一口大型煎锅,地面设有卤池,地下建有纵贯整个空间的烟巷,宽、高各一米,火口设在外部,便于添加燃料,加热卤池。灶房顺应山势修建,具有一定坡度,利于火势向上蔓延。为了排出灶房内产生的烟气，屋顶采用特别的半歇山半悬山的重檐，两重屋檐间留有较大空隙，便于通风。据大顺灶卓筒井的守护人介绍，盐卤经过提纯后，一般会通过埋在地下的水枧输送到灶房里，后来竹枧换成了铁制管道，不过现今这些铁管道也不见了。

A. 外部 　　　　　　　　　　　B. 内部

图 4-24　大顺灶灶房

4. 盐工庐舍

灶房旁边是"L"形的盐工庐舍，属单檐悬山小青瓦穿斗式建筑，有五间房，房间前有一圈外廊，居所离灶房这样近是为了方便盐工守护灶房设施（图 4-25）。

图 4-25　大顺灶盐工庐舍

（二）自贡市大安区燊海井

燊海井位于今自贡市大安区大安街，凿于清道光十五年（1835年），同时产天然气和黑卤，曾日产天然气 8500 立方米，黑卤 14立方米，井深 1001.42 米，是世界上第一口人工开凿的超千米深井。燊海井建筑群是四川古盐场中保存最完好的，现存碓房、大车房、灶房、盐仓、竹枧、晒卤台等制盐建筑（图 4-26）。

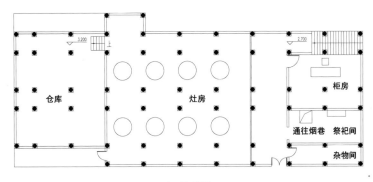

A. 平面图

B. 鸟瞰图

图 4-26 燊海井建筑群

1. 碓房及天车

燊海井的碓房面阔约 13 米，进深 3.5 米，东西朝向，属单檐悬山小青瓦穿斗式木构建筑（图 4-27）。为方便操作，碓房只有南面和西面部分有墙体，其余部分仅用栏杆围合，屋顶被天车破开。天车高 18.4 米，由几百根圆杉木捆制而成，用 12 根风篾固定于地面。碓房内现存一具踩架。燊海井用来采气的窠盆早已损毁，难以复原，但经过修理后仍能使用。

A. 西面实景

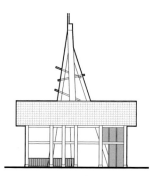

B. 西立面图

C. 北面实景

D. 北立面图

图 4-27 燊海井碓房西、北实景及立面图

2. 大车房

大车房位于碓房北侧，地坪比碓房矮半米，南北朝向，单檐悬山小青瓦屋顶，属抬梁穿斗混合式木构建筑。之所以采用抬梁式，是因为需要足够大且完整的空间放置盘车，两侧圈养力畜的地方则是穿斗式。燊海井起初用人力推车，一般需要 8 ～ 12 人，后来才改用畜力。盘车周遭的地面下陷一圈，即力畜推车的车道。燊海井现已改用机械汲卤，因此大车房仅作参观之用。

3. 元昌灶

元昌灶也就是燊海井灶房，位于碓房西侧，属重檐悬山小青瓦穿斗式木构建筑，功能丰富，分上下两层（图 4-28）。下层是烟巷（图 4-29），方便将燊海井的天然气输送到灶房，上层才是使用空间，分灶房、柜房、祭祀间（图 4-30）、仓库和杂物间。楼梯设于室外东南角，连通室外地坪与上层空间。灶房内有八座石灶台，上架铁锅，笔者调研时正好碰到两位师傅在煮盐，他们坐在灶台之间的椅子上，时不时起来搅动锅里的卤水。灶房背后是一间大仓库，比灶房地坪高半米。

灶房最前面是并排的柜房、祭祀间和杂物间，从柜房的窗户可以观察到整个盐场的情况，方便旧时掌事者监管工人，柜房里面的桌椅都是清末器物。祭祀间设有祭台，供着一尊神像，两侧书有楹联：咸泉上涌；水火既济。这是取自《易经》之“水火既济，坎上离下”，寓意盐卤和井火相交，稳中求进。祭祀间的地面有一个方形洞口，可通往下层烟巷。

灶房的窗户多是普通的竖木条窗，只有柜房和祭祀间的窗子是带花纹的格窗，具有古典的美感。

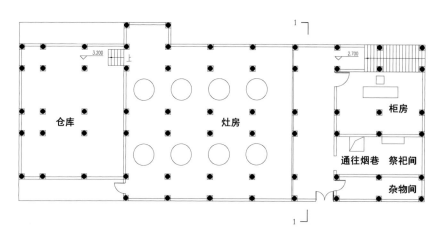

A.平面图

B.立面图

C.外景

D.内景

图 4-28 燊海井元昌灶

图 4-29　烟巷　　　　　　　　　图 4-30　祭祀间

4. 盐仓

灶房的旁边就是盐仓，如此可以节省运盐成本，两栋建筑之间用走廊连接。为了适应地势，盐仓的北段略有偏转，北面开了一道门，门前有一大片空地，过去从盐仓里取盐出来后就在这片空地上称重。

盐仓有两层，属单檐悬山小青瓦穿斗式木构建筑，窗户与灶房一样是竖木条窗，但竖木条上密密地缠了一圈麻绳（图 4-31），这样既可保证通风，又可吸附空气中的湿气，避免盐仓里的盐受潮。

图 4-31　盐仓的防潮窗

（三）自贡市贡井区东源井

东源井位于今自贡市贡井区建设镇重滩村6组，开凿于清咸丰八年（1858年），井深949米，同时产天然气和盐卤，现在仍可生产，是世界上现存唯一用篾盆采气的盐井。东源井建筑群位于旭水河畔，旧时主要靠水路运输，整体布局由南向北展开，现存建筑主要有灶房、盐仓、天车、碓房、机车房、大车房（图4-32）。

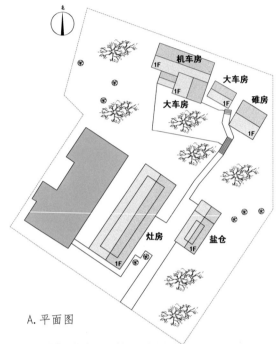

A. 平面图

B. 鸟瞰图

图4-32 东源井建筑群

1. 大车房与机车房

东源井有一大一小两间大车房，是清末畜力阶段该井主要的汲卤动力车间。其两面砌墙，两面设栏，设计成半室外空间，整体较空旷、高大——这是因为其内部要放置数头牛才能拉动的盘车及配套工具，并要留出牛行走的车道（图4-33）。

两间大车房都是单檐悬山小青瓦穿斗式木构建筑，东西朝向，正对着碓房。机车房是有了机械动力后才加建的，紧邻较大的那间大车房，两者的屋顶连成 T 字形。较小的大车房是最先修建的，离碓房最近，经过抢修保留有盘车骨架。

图4-33　东源井大车房

2. 碓房与天车

东源井天车是现存少见的六脚天车，由数百根木头捆制而成，高约23米，从碓房的屋顶伸出（图4-34）。天车下面只见一个井口，因为东源井既出卤又出天然气，所以地下会设窠盆连接阴枧沟和出山枧来采气——阴枧沟中的空气和水先将天然气逼入出山枧，再通过地下的烟巷输送到灶房（图4-35）。

图 4-34　东源井碓房与天车　　　　　　　　　图 4-35　窝盆采气

3. 灶房（图4-36）

东源井现存的灶房没有和碓房在一处，而是位于盐场入口左边的空地上，也是半室外空间。灶房整体呈东西朝向，面阔约35米，进深约13米，入口一侧有外廊，是制盐建筑中少见的抬梁穿斗混合式木构建筑，相比穿斗式建筑可用空间更大。屋顶是重檐悬山式，上覆小青瓦，正中间有一个伸出的天窗，以便排烟和通风。

灶房内两侧各有一个长方形储卤池，池旁放置着灶锅，灶锅底下就是从东源井送过来的天然气，点燃后经久不灭。储卤池与灶锅间用砖砌的半地下管道连接，据盐场管理员介绍，这是为了利用灶锅底下的热量来加温池子里的盐卤，在煮盐的同时进行浓卤，一举两得。

A.鸟瞰图

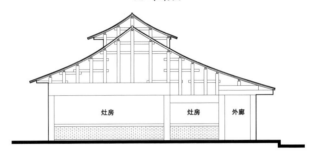

B.剖面图

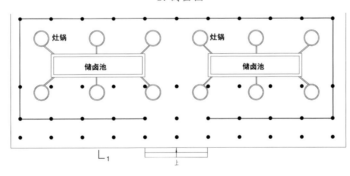

C.平面图

图 4-36 东源井灶房

4. 盐仓

东源井盐仓在灶房的正对面，大小两间并在一起，是在公路修通后新建的，整体建筑风格呈中苏合璧式，由硬山小青瓦屋顶与红砖墙体组合而成（大的盐仓屋顶是重檐，小的是单檐），采用近现代的蓝色方形木门窗，窗上有凸出的圈梁。

盐商宅居

盐商是中国古代各类商人中最富有的群体之一，随着清代四川盐业的兴旺发展，许多大盐商为长居或短居而在四川盐区建造了一批奢华的宅邸园林、山间寨堡，并在盐运线路上设立兼具商业和居住功能的盐店。这一系列的盐商宅居建筑对四川盐区的聚落及建筑文化等形成了深远的影响。

一、盐商宅居的类型

（一）盐店铺（盐号）

盐店铺也叫盐号，是盐商宅居中最普遍的类型，多出现在盐运线路上的城镇中，落址在专供食品销售或者食盐销售的商业街上，如旧时南充县的相如镇就有许多盐号，当地老人余世荣说："挑夫们将盐从船上挑上岸，放置于盐店街，再由街上的经营户们销往蓬安各地及营山一带。"盐号大都采用雇工制，盐商聘用伙计代为经营店铺的食盐生意，晚上这些伙计往往就住在店铺中，所以盐店铺兼具商业与居住功能。

（二）盐商私宅

自古食盐经营获利极大，特别是在两次川盐济楚时期，四川短时间内诞生了许多大盐商家族，譬如自贡"四大家"——王三畏堂、李四友堂、胡慎怡堂、颜桂馨堂，以及大宁盐场的"同仁号"等，无不是富甲一方。这些大盐商大多选择在产盐地建造家族大院，以加强对盐产的掌控。彼时，盐商间夸耀成风，不少人不惜耗费大量财力、物力修建私家园林，互相争奇斗艳，攀比自己的社会地位和财富。如犍乐盐场的大盐商王槐清，在乾隆年间修建的宅邸达万余平方米，并且按照京城宅邸的形制打造了五重堂，被时人称为"大夫第"。

也有一些盐商依靠贩盐起家，因而在盐运线路上建造宅邸，如湖南岳阳的李氏家族到湖北鄂西贩卖私盐，几代人积累了一大笔财富，不仅在利川水井村建造了李氏庄园，还买下了今利川北部、奉节和云阳南部的大片地方，成为有名的大地主。

（三）山间寨堡

盐商除了在城里建私宅、园林，还会在城外的险地建设寨堡。起初盐商寨堡是战乱时期的产物，四川大多数的盐商寨堡集中修建于嘉庆年间白莲教起义和咸丰年间太平天国运动时期，多是用土、石、砖等材料修筑的封闭性军事聚落，主要功能是避乱自保。但后来盐商也在寨中建造了私宅园林，和平时期作为休闲度假地使用。

四川盐商寨堡最集中的地方在自贡，清代即达七十余个，其中以大安寨和三多寨所耗经费最多、建造规模最巨。这些寨堡在晚清民国的战乱中保全了许多百姓的性命。

二、盐商宅居的特征

历史上四川盐商建造的宅居数量众多，分布广泛，现存的也不少。在分析复杂的建筑类型时，从平面形态来总结较易于看出其特点。四川盐商宅居的平面基本要素主要是堂屋、居室和院落，三者通过不同的组织方式形成独栋、排屋、合院等平面单元，进而组合成店宅、多进院、多跨院等丰富的平面形态。

1. 盐店铺（盐号）

盐店铺与大部分行业店铺的建筑格局别无二致，一般是临街联排布置，沿街立面是通开的活动木板门，有前店后寝、下店上寝两种功能布局（图4-37）。这两种布局都兼具了商业和居住功能。

前店后寝：此类盐店的沿街前厅是店铺，供店主经营销盐生意，后厅作为起居之用，根据店内常住的人数、经济状况等因素，或紧凑地布置成横向、纵向的排屋，或垂直于街道向后延伸出合院。商业与居住功能区之间基本能做到互不干扰。

下店上寝：这类盐店更为紧凑，楼下是铺面，楼上是住房，形成独栋单元，最大限度地利用了空间，但不同功能区之间难免互相干扰。

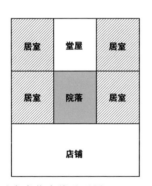

A. 前店后寝式盐店铺平面图

a. 前店

B. 房县军马铺下店上寝式盐店铺

b. 后寝

C. 房县军马铺前店后寝式盐店铺

图4-37　盐店铺示例图

2. 盐商私宅

有一定资本的盐商在产盐地都建有宅邸，多以居住和接待为主要功能。根据盐商财力的高低，其宅邸规模不尽相同。笔者在自贡和乐山五通桥区调研时发现，在这两个古代四川最重要的产盐地中，有小盐商的独栋式、三合院式、四合院式宅邸，还有大盐商的并联合院式宅邸。虽然这些盐商宅邸平面形态多样，但都以轴线对称的形式体现家族结构，强调秩序与仪轨。

（1）独栋式。四川盐商财倾西南，建独栋式宅邸的比较少，因为独栋式的居住空间相对于院落式会局促很多。其多为两层建筑，一楼是接待用的厅堂，二楼是休息用的居室。以五通桥花盐街的何家大院为例，虽然叫作大院，但实际却是山坡上的独栋两层小楼，内部没有院落，也没有院门（图4-38）。

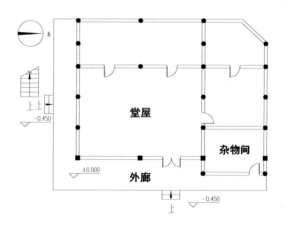

图4-38　何家大院平面图

（2）三合院式。三合院式盐商私宅又分为无院墙的开口式和有院墙的闭口式两种，一般坐北朝南，北面的正房作为厅堂体量最大，两边的侧室作厢房，高度比正房稍低，中心的院落根据宅基地大小来布置（图4-39）。以贡井老街的杨氏宅为例，其在和平街上坐北朝南，是有院墙的闭口三合院式，北面的正房有两层楼，两侧的厢房只有一层，院子呈矩形，可作晒场之用。

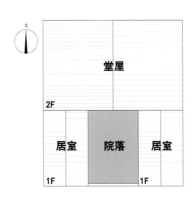

A. 鸟瞰图   B. 平面图

图4-39　贡井杨氏宅鸟瞰图及平面图

（3）四合院式。四合院也叫作"四水归堂"。四合院的正房即上房有三到五间，左右两厢各有三间房，正房对着的是倒房即下房，处于入口一侧，宅门多位于正中或东南方位（图4-40）。四合院的核心其实是庭院，以庭院为中心来布置周围的房屋，然后根据礼制来分配功能区，长辈住上房，小辈住两厢，下人住下房。因为四川多炎热天气，所以上房的堂屋往往做成敞厅，与庭院空间连成一片，这更加突出了庭院的重要性。也有兼作宗祠的四合院式盐商私宅，如贡井老街的陈家祠堂，坐北朝南，宅门位于西南角，上房是大殿，下房是戏台，左右两厢可充当观戏的看台，虽然祠堂归陈氏家族使用，但在功能规划上更偏向公共建筑。

（4）并联合院式。并联合院式盐商私宅是指以主院空间为核心，朝纵向、横向扩展布置跨院，形成多路多进多列的群体组合格局，其与宫殿、寺庙建筑群的布局原理大体一致，只是民居建筑的布局更活泼自由。体量大的并联合院式盐商私宅，如自贡沿滩区的王家大院，呈纵三路横三列扩展布局，整个宅院有大小天井14个，院落之间都有雨廊相连通，正院、厢房、廊房、花厅布置得疏密得当（图4-41）。并联合院式还有较自由的合院扩展布局，如自贡市贡井区的天禄堂（余家公馆），此宅融商业与居住功能为一体，柜房、职工宿舍等都在宅院里（图4-42）。

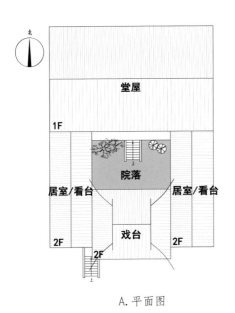

A. 平面图

B. 鸟瞰图

C. 内院

图 4-40 自贡陈家祠堂

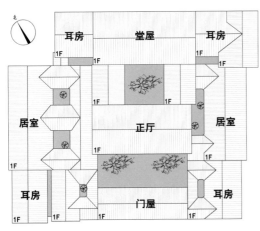

A. 屋顶平面图

B. 鸟瞰图

图 4-41 自贡王家大院

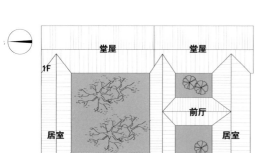

A.屋顶平面图

B.鸟瞰图

图4-42 自贡天禄堂

3. 山间寨堡

盐商们集资修建的山间寨堡，一般在外围布有寨墙等防御设施，内里是盐商各自修建的私宅和园林。以修建于咸丰十年（1860年）的大安寨为例，其以土垣为寨墙，高两丈多，下砌石脚墙，上覆瓦屋，沿着山顶一圈约有三里长（图4-43）。大安寨内现存有八处盐商私宅，可考据来历的有三处——王德谦住宅、河底坝宅院、桂花湾宅院，分别被列入自贡市历史建筑和第一批井盐历史文化遗迹名录。这些盐商私宅平面形态多样，上述的四种类型都有，但并不如一般的盐商私宅那般尊崇朝向，而是依山势、地形散布在大安寨内，并呈现出明显的向心性，对外作防御态势（图4-44）。

A.鸟瞰图

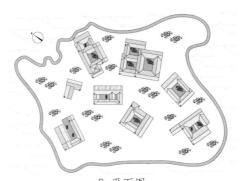

B.平面图

图4-43　自贡大安寨

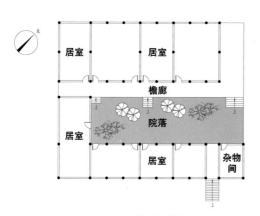

a.一层平面图　　　　　　　　　　　b.屋顶平面图

A.河底坝宅院各层平面图

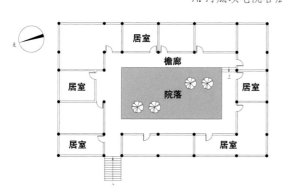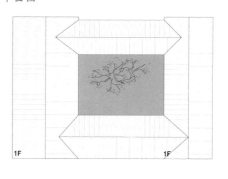

a.一层平面图　　　　　　　　　　　b.屋顶平面图

B.桂花湾宅院各层平面图

图4-44　大安寨部分盐商私宅平面形态

三、代表性盐商宅居分析

（一）罗都复庄园

罗都复庄园遗址位于四川省大英县卓筒井镇石马村，是当地大盐商罗都复按《易经》布局、修建的宅邸，占地 5000 余平方米，于清咸丰至同治年间逐步扩建而成。罗都复起初以卖豆腐为生，成家后与夫人从事租借盐灶的生意，商运亨通，兼以克勤克俭，不到十年便成了当地首屈一指的商贾。

整个庄园坐西向东，建造在老虎坡下，为顺应地势，庄园从入口到后庭由东至西用台阶消化了高差（图 4-45）。建筑平面采用并联合院式，前后、左右近似对称布置，前部设有大门、戏台、过厅等公共空间，后部设堂屋、居室和后庭等半私密空间，南侧是粮仓、账房、佣人房等辅助生活用房。整个庄园有 2 个大院坝和 6 处天井，天井四周房间围绕，形成多个环境幽静的小院落。

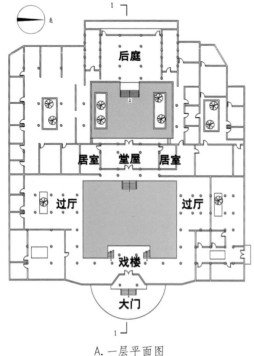

A. 一层平面图

B.剖面图

C.正立面图

图 4-45　罗都复庄园示意图

庄园还兼具防御功能，四周都建有八米高的砖砌封火墙。正因为八米高的砖墙，庄园的正立面显得大气轩昂，颇具大宅风范，入口处还有西式的半圆形大台阶和两根高大的罗马柱，但立面装饰元素比较简单，仅有整齐排布的圆形和方形花窗。

总体来说，罗都复庄园集生活、娱乐、防御等功能于一体，在四川众多盐商宅居中也属于精品，可惜如今只剩下断壁残垣，四川省勘察设计协会等编写的《四川民居》一书对其有较详细的介绍。

（二）张家花园

1. 历史沿革

张家花园位于今自贡市贡井区，现如今是贡井人民公园，占地面积约 1 万平方米（图 4-46）。张家花园是民间俗称，实际叫"张伯卿公馆"，是由民国时期当地大盐商张伯卿耗时 3 年、出资 4 万两白银修建的私人宅邸。新中国成立后，公馆归自贡市政府所有，市政府将其改为人民公园供市民游览。

主楼

附楼

望湖

图4-46　张家花园鸟瞰图

　　在被列为国家重点文物保护单位之前，张家花园只是自贡市的一处普通文物保护点，2009年清华大学建筑学系张复合教授在现场考察后，赞叹其是"中西合璧之经典杰作"，之后越来越多的人关注到张家花园。经过多方的努力，2014年张家花园正式入选第七批全国重点文物保护单位，国家提供700多万专项资金对其破败的主楼进行修缮，并在园中大规模栽种桂树，才有了如今富有特色的贡井人民公园。

　　2. 建筑现状

　　张家花园的园门是传统的青砖墙中式双扇木门，紧接着是向下的十数级台阶，之后是石板铺设的百米甬道，两旁种植了修剪整齐的瑞香。入园通道颇具观赏性，是张家花园的第一个景点。

　　进入园门后不久，就能看到一个矩形池塘，旧时叫"望湖"，今称"桂影湖"，面积约1400平方米，在整个园林中起造景的作用。桂影湖边有亲水码头，水中间还有砖木结构的船形水榭，人可以通过双洞拱桥前往水榭进一步观景。

　　围绕着桂影湖，整个张家花园遍植花木，有桂树、香樟、黄桷树、山茶花、白兰花等，四季植物都有，使得张家花园全年景致秀美，游人不绝。

临着桂影湖的是张家花园主楼，是模仿当时重庆德国领事馆的建筑风格而建的（图4-47）。张伯卿本人应十分崇尚西式建筑，因为在全面抗日战争爆发后，国民政府迁都重庆，为攀附政要，张伯卿又在重庆买下了德国人弃置的领事馆。

图4-47 张家花园的主楼

主楼在当地被人称作"罗马楼"，是一栋两层砖结构外廊式的欧式建筑，有大小14间房，面积1148平方米。建筑用材十分考究，都是从百里之外的内江运过来的，家具也是由名贵木材打造，屋内放置有太平天国天王府的遗物。主楼外廊由连续的或半圆形或尖形或三叶形的拱券组成，柱子为红色，柱子顶部统一是科林斯柱式，中部则各不相同，再配以各种抹灰装饰线脚，形成风格统一、装饰华丽的外廊形制。

主楼建筑体量较大，但距今近百年且长期无人修缮，早已风化糟朽严重，部分位置甚至有坍塌的危险，原本亮眼的红白色调也不再光鲜。所幸从2016年底正式启动的主楼修缮工作，使其恢复了部分原貌。

主楼侧边还有一栋两层的中式木楼，体量较小，是当年张家佣人和园丁居住的地方，属穿斗式建筑，屋顶铺小青瓦。该楼建筑风格和主楼大相径庭，但其体量、制式与整座园林协调有致，没有影响美观。

（三）何家大院和蒋氏宅

乐山五通桥曾经是四川重要的产盐地，其中有一条沿茫溪河而建的花盐街，街中及周遭聚集了大批盐商的店铺、私宅。店铺沿大路布置，可直接对接河畔的盐码头，盐商私宅则建在街后的小山坡上，每户之间用青石板路连接。从现存的建筑来看，其风格各异，既有四川民居的建筑特色，又有外来文化的融入痕迹，独栋式、三合院式、四合院式等不同形态的都有，足见花盐街过去的繁华。

何家大院是其中一处独栋楼，有两层，位于花盐街后的小山顶上，是砖木混合结构的民居（图4-48）。其一楼作为待客的厅堂，内部空间设计得很敞亮，正立面局部还向内做了1.5米的退让，颇有意趣。一楼的立面既有中式门窗，也有西式拱形窗，但拱的弧度很小，并不扎眼，整体看起来比较和谐。楼梯在建筑的西北角落，是室外的石梯，直通二楼的外廊。外廊环房半周，但只有0.9米宽，减去美人靠所占空间，剩下的行走空间十分狭窄。二楼是居住用的寝室，被木板分为三间大房和三间小房。二楼的门窗和装饰更传统，只是在大房与外廊之间的门扇上用了裂纹玻璃。何家大院的屋顶是单檐歇山式，上覆小青瓦，出檐较深，让体量并不大的宅邸显得颇具威严，正脊处以花朵状的灰塑装饰。

整个宅邸正立面的设计颇具匠心，一楼通过局部的退让营造出虚实交错的空间，一楼砖砌的"实面"又与二楼美人靠构成的"虚面"形成鲜明对比，整体看来虚实有度，可见过去宅邸的主人有着不俗的品味。

蒋氏宅和何家大院在一个街区里面，同样是砖木混合结构，平面形态是四合院式（图4-49）。建筑只有一层，院落四边各有一间

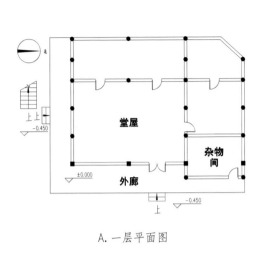

A.一层平面图

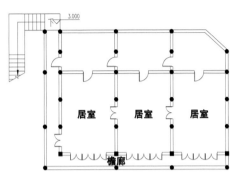

B.二层平面图

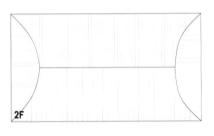

C.屋顶平面图

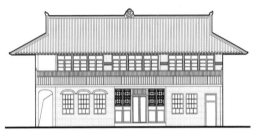

D.正立面图

E.建筑现状

图4-48　五通桥何家大院组图

房，正对着大门的是堂屋，其余都是居室。蒋氏宅的保存状况较差，门窗倾颓得厉害，房间内部的陈设杂乱不堪，但从大门旁的四叶草花砖镂空窗和东边居室的圆形门，可以窥见这座宅邸过去的气派。

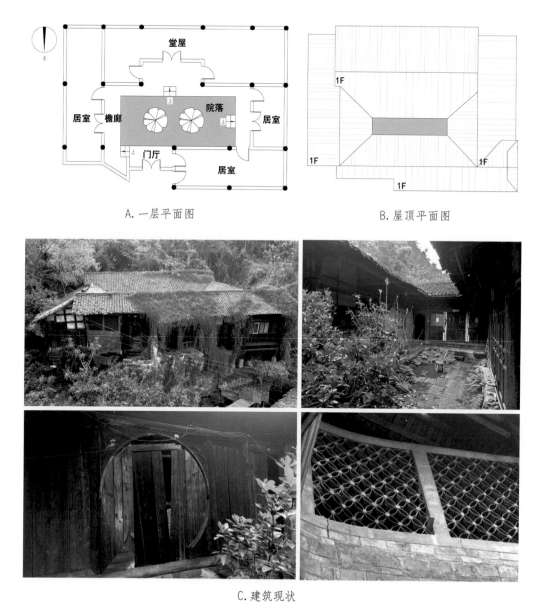

A. 一层平面图　　　　　　　　　　　　　　B. 屋顶平面图

C. 建筑现状

图4-49　五通桥蒋氏宅组图

盐商书院

不少盐商发达之后，常有义举，如赈灾捐款、修路筑桥等，其中出资文化教育建设占了很大的比重。受传统的"士农工商"四民分等思想的影响，四川很多盐商在家业丰厚之后就积极兴建书院，一方面借此提升自己的社会地位，一方面帮助宗族子弟通过教育进入仕途。

一、盐商书院概况

书院是中国传统教育机构，起初大都是私学，明清时期，官方严格控制书院的设立，逐渐将之纳入官学体系，但仍有官立、私立书院之分。官立书院由地方官员筹资或官府出资建立，私立书院完全由地方士绅捐资建立。在四川，盐商捐资兴建书院是常有的事情，其中最有名的是富顺盐商。据不同年代的《富顺县志》记载，从清嘉庆十七年（1812年）开始，当地盐商积极出资办学，陆陆续续建有东新书院、三台书院、育才书院等。也有一些官立书院可视为盐商书院，它们由地方盐务官员用盐税出资建立，如巫山的巫峰书院（圣泉书院）、五通桥的通材书院（表4-5）。

除了投资建设书院，四川盐商还不惜捐赠大量白银来获得官学入学名额，商学就此诞生。四川的商学始于清咸丰年间，"初有商学，始咸丰八年，以犍、乐、富、荣四县征收厂厘银六十九万有奇，总督王庆云奏请为设商籍科。岁试时，犍、乐两县取进文童四人、武童二人；富、荣两县取进文童四人、武童二人。凡配运四厂盐商及

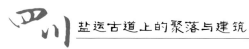
灶户弟侄子孙，皆许与试"①。从这段文献记载中可以看出，商学最初大抵是针对盐业人员设立的，只有来自犍、乐、富、荣四个盐场的子弟方"许与试"。商学的名额并不多，如果想要增加名额就要付出巨额的钱财，"凡一厅一州一县，捐银一万两者，准加定额一名，所余银两仍准归入续捐，并计核办"②。这笔上万的捐款不是普通灶民、井绅可以负担得起的，只有大盐商才有这样的财力。

表 4-5　四川盐区部分盐商书院修建情况

名称	所处地区	简介
斗瞻书院	盐源县白盐井	设于清乾隆初期
通材书院	犍为县五通桥	设于光绪十四年（1888 年）
东新书院	富顺县自流井	嘉庆十七年（1812 年），由富顺知县张利贞和井绅王循礼等改东新寺为书院
三台书院	富顺县自流井	同治年间，由自流井井绅王余照（朗云）等捐资筹建
育才书院	富顺县自流井	光绪初年，由盐商王三畏堂家塾改办
五溪书院	云阳县云安盐场	咸丰初，盐大使陈廷安建，光绪末年，盐大使周毓渝将其改设为高等小学堂
巫峰书院	巫山县城	乾隆十五年（1750 年），知县钱基建，以大宁盐场井灶税为办学经费
凌云书院	南部县城	光绪十三年（1887 年），南部县盐厘总局出资将县城内的书院移修到城北凌云洞侧

---

① 丁宝桢：《四川盐法志》卷二十五，清光绪刻本。
② 丁宝桢：《四川盐法志》卷二十五，清光绪刻本。

二、代表性盐商书院分析

巫峰书院位于巫山县城西北，乾隆十五年（1750 年）由知县钱基创办，用大宁盐场井灶税作为师生的膏火钱；乾隆四十三年（1778 年）知县段玉裁重修书院，并根据北魏郦道元所著《水经注》中的"巫山城东有孔子泉，亦曰圣泉"，将巫峰书院更名为圣泉书院；道光元年（1821 年）知县沈鸿逵补修书院并新建了八间斋舍；道光四年（1824 年）知县杨佩芝又捐赠了讲堂桌案和学生桌椅；光绪三十年（1904 年），圣泉书院改制为巫山县南峰小学，发展到当代已有 3000 余名学生。

根据光绪《巫山县志》记载，当时的圣泉书院由墙围合成矩形，有两进院落，建筑大致沿主轴线对称分布（图 4-50）。书院前有照

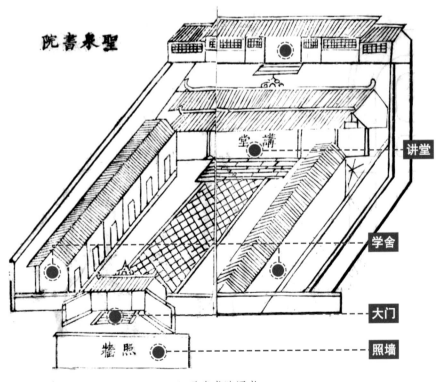

A.圣泉书院图考

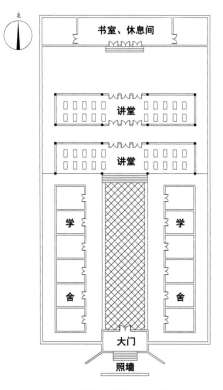

B.圣泉书院转译平面图

图 4-50　巫山圣泉书院

墙,入门可见一个长方形广场,广场两侧共有学舍十二间。广场尽头有数级台阶,拾级而上便是教学的讲堂,讲堂有内外两间,外间采用的半室外空间设计使讲堂显得很开阔。书院的最后是书室、休息间等辅助用房。整个书院规模不大,屋顶也是民居中常见的悬山顶,但左右对称的中轴线布局和倚门而设的照墙,使之具有官立书院的威仪。

盐业会馆

会馆是中国传统建筑的一种特殊形式，具有祭祀、聚会、娱乐等多种功能。盐业会馆即与盐业相关的会馆，在四川盐区可以分为盐工会馆与盐商会馆两类。

一、盐业会馆的类型

（一）盐工会馆

四川井盐业历史悠久，其工艺复杂，工种丰富，行业庞大，从业人员众多，销区范围广大。从制盐技术的先进性角度来看，无论钻井还是天然气熬盐，四川井盐业都堪称古代中国制盐业乃至中国传统工业的杰出代表。正因为如此，清末自贡地区在全国也是资本主义萌芽最明显的地区之一，"同盛井约"被我国经济学家厉以宁称为"中国第一张股票"。井盐生产分工之细与多，是海盐和池盐生产无法相比的，围绕着井盐生产，盐业聚落会集了各行各业的从业者。自明清以来，井盐聚落的盐工数量越来越多，分类越来越细，经过数百年的发展，传统工人组织——行帮非常发达，在全国都具有典型性。为适应行帮发展需要，盐工们集资修建了一批供其祭祀、集会、娱乐使用的固定场所，即盐工会馆。不同的行帮有不同的盐工会馆，其内部一般祀有该行业的祖师爷。自贡地区的盐工会馆数量之多、种类之丰富，堪为全国典型。

纵观四川盐业聚落中的盐工会馆，有烧火工的火神庙，推水工（采卤工）的牛王庙，铁匠的巧云宫，屠宰工的桓侯宫，泥工、木工、石工的古佛寺，橹船工的王爷庙等，还有盐业人员共祭的宝源寺、盐神庙①、龙君庙等（表4-6）。它们虽不专属于盐工，但在四川盐业聚落中，基本都是不同盐工行帮集资修建并使用的，这在全国其他盐区非常少见。

表 4-6　四川盐区盐业工人行帮与盐工会馆对照表

行帮名称	行业名称	会馆名称	供奉对象
王爷会	木船运盐业	王爷庙	李冰
老君会	制盐工具业（铁匠帮）	巧云宫	太上老君
张爷会	屠宰业	张爷庙、桓侯宫	张飞
炎帝会	烧火熬盐业	火神庙、炎帝宫	炎帝
牛王会	推水业	牛王庙	牛王菩萨
鲁班会	泥木石帮	鲁班殿、古佛寺	鲁班
四神会	凿井业	—	—
华祝会	挑卤业	—	—

（二）盐商会馆

与盐业工人会馆具有鲜明的行帮色彩不同，盐商会馆更突出的是"同乡"元素。寄寓他乡的盐商通过籍贯联合起来，共同出资修建了用于聚会、议事、娱乐的会馆。这些会馆供奉有相应的地方保护神，同乡的盐商通过共同的祭祀活动及其他活动巩固乡谊，以谋互相扶持，因而这些会馆也称为"同乡会馆"。如江西同乡会馆"万寿宫"祭祀的是江西的地方保护神许真君，贵州同乡会馆"荣禄宫"祭祀的是唐代荣禄大夫罗荣（表4-7）。需要注意的是，这些会馆不为盐商所独有，对于有些商人尤其大商人来说，其经营的也不止盐业，但在四川盐区的盐业聚落中，这类会馆主要的投资建造者和使用者均为盐商。

另外，不同地区的盐商也有互相攀比、彰显财力的心态，越是

---

① 全国不同盐区所奉祀的盐神一般也不同，但清代纳入国家祀典的盐神只有河东的盐池神、云南的盐井神和四川富顺的盐井神。

有财力的盐商建造的会馆建筑越华丽，比如在自贡独树一帜、由山陕盐商修建的"西秦会馆"。

表 4-7　四川盐区各省盐商会馆供奉对象

所属省份	会馆名称	供奉对象
山西、陕西	西秦会馆	刘备、关羽、张飞
江苏、安徽、江西	江南会馆、新安会馆、准提庵	关羽、准提菩萨、观音菩萨
湖南、湖北	湖广会馆	禹王
湖北	禹王宫、黄州会馆	禹王
江西	万寿宫	许真人
福建	天后宫（天上宫）	妈祖（天后、天妃）
广东	南华宫	六祖慧能
浙江	列圣宫	关羽等
四川	川主庙	李冰
贵州	荣禄宫（贵州庙）	罗荣

二、盐业会馆的特征

（一）高大瑰丽的入口空间

盐业会馆作为盐业聚落里特定群体举办活动的地方，地位比一般的祭祀建筑高。为强调入口空间的存在，会馆山门以高大瑰丽的牌楼门为主，分为随墙式、独立式和混合式。随墙式牌楼门的门墙比例较小，且常采用砖石材料，显得较封闭、沉稳，入口清晰可辨（图4-51）。如龙潭镇的万寿宫，山门整体是砖墙牌楼，入口空间虽显小，却较显眼。而独立式和混合式牌楼门这两类则不同，高大的牌楼将墙体掩于其后，视觉上弱化了入口位置，且这两类牌楼较多使用偏轻盈的木料，因而显得更加大气、开放（图4-52）。如自贡的西秦会馆，采用混合式的四柱七楼牌楼门，门开在后列柱的中间。

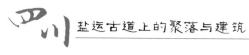

A. 自贡桓侯宫（屠宰工人会馆）

B. 宜宾滇南馆（云南盐商会馆）

C.龙潭万寿宫（江西盐商会馆）

D.自贡贵州庙（贵州盐商会馆）

图4-51 随墙式牌楼门

A.自贡西秦会馆（山陕盐商会馆）

B.李庄天上宫（福建盐商会馆）

C.遂宁天上宫（福建盐商会馆）

D.略阳紫云宫（船帮会馆）

图4-52 独立式和混合式牌楼门

（二）共生集成的戏台空间

　　不同于一般的祭祀建筑，盐业会馆的功能更为复杂，且更偏重于盐业人员之间的聚会娱乐，而旧时的娱乐活动多是看戏等，这就使会馆内必定建有戏台。每逢会节和重大节日，行会和商会的人就会请戏班子来表演，成群的人聚集在会馆的戏台前，所以戏台前往往留有宽敞的集会空间——院坝。

　　戏台空间的设计最为常见的是通过局部架空与山门组合在一起，人从山门进入，穿过戏台的架空层进入院坝，回首即可见悬空的戏台。这种形式巧妙地将不同功能的山门、戏台、院坝共同组成一个集成空间，实现空间利用的最大化，自贡的西秦会馆、罗泉的盐神庙、纳水溪的禹王宫、安居镇的湖广会馆等均是如此（图4-53）。另外，

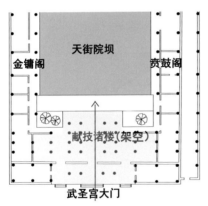

A. 自贡西秦会馆（山陕商人会馆）

B. 安居镇湖广会馆（两湖商人会馆）

图 4-53　盐业会馆的戏台空间

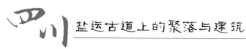

在运盐聚落罗城镇的船形街正中间有一个戏楼，其同样是将戏台架空，下方可供人通行，船形街就是天然的看戏场所，与盐业会馆的戏台空间设计有异曲同工之妙。

（三）起伏有序的剖面空间

盐业会馆往往有着起伏有序的剖面空间（图4-54），笔者认为原因有三。第一，在地势起伏较大的地方，盐业会馆为消化高差会通过布置台阶，将各个功能空间串联在中轴线上，使之秩序井然。第二，对于戏台空间来说，戏台处于较低处，更便于观看。如罗泉镇盐神庙的院坝和观戏台就比戏台略高一些，正殿前还有多级向上

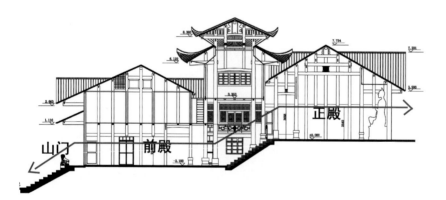

A.老屋基村三元堂（山陕商人会馆）

B.龚滩镇西秦会馆（山陕商人会馆）

图4-54　盐业会馆的剖面序列空间

的台阶，由此构成良好的观剧空间。第三，对于祭祀场所来说，拾级而上、逐级攀升的空间更能使祭拜者在心中产生庄严感和敬畏感。

（四）题材丰富的细部雕刻

除了在入口山门和空间布局上做文章，盐业会馆的细部雕刻同样别具匠心，雕刻作品与建筑构件紧密融合，如柱础、屋脊、墙面、窗台等处均饰有不同形式的雕刻作品。而且在不同的会馆里，雕刻题材各有特点，往往带有盐商原籍的地域文化特色（图4-55）。

以自贡的西秦会馆为例，这个由山陕盐商筹资建造的建筑群内，细部刻画了许多山陕地区杰出的历史人物，比如苦守十八年寒窑的王宝钏，留居漠北近二十载、爱国不屈的苏武，保家卫国的杨家将，等等，这些装饰题材在巴蜀本地原是很难见到的。

从各个盐业会馆的细部雕刻来看，湖广会馆、江西会馆、贵州会馆崇尚古朴素雅，广东会馆和云南会馆追求华美绚丽，且装饰种

图 4-55　盐业会馆的细部雕刻

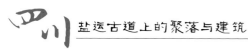

类繁多，建筑上的镂雕随处可见。广东会馆的细部雕刻中还常见科举题材，这与当地自宋代后文教大兴的风气有很大关系。

三、代表性盐业会馆分析

（一）罗泉镇盐神庙

1. 历史沿革

据《四川盐法志》记载："资州罗泉井，古厂也，创于秦，沿两汉而晋而唐而宋而元明。"至清同治时，罗泉盐场的盐井已达一千二百余眼，井灶相连，盐商云集，繁华非常，官府专门在此设资州分州署来管理盐务（图4-56）。盐商们为了祈求神灵保佑盐业发达，在清同治七年（1868年）筹资1.8万两白银修建盐神庙；1925年，罗泉井盐荣膺巴黎世界博览会金奖，为此政府专门拨款，

图4-56　光绪《资州直隶州志》罗泉井图考

特制了一块走铜金粉字的"盐神庙"匾额挂在山门上；四川解放后，盐神庙的神像被毁，庙宇受损严重，后由当地政府投资修复，以供游人参观；2013 年，罗泉盐神庙被列为全国重点文物保护单位。

2. 建筑情况

（1）建筑选址。整个罗泉镇只有一条五里长的街道，沿着沱江支流珠溪河展开，从上空看形似蛟龙，罗泉镇因此也被称作"龙镇"，而盐神庙位于"龙头"，正对着过河的桥口，庙前有较宽敞的广场空间（图 4-57）。

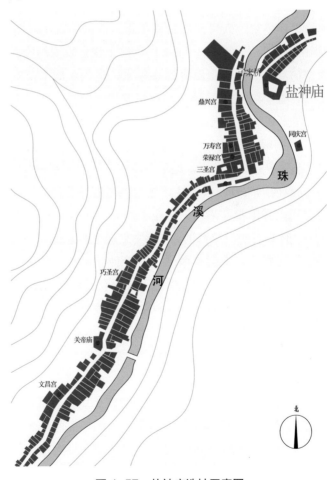

图 4-57　盐神庙选址示意图

（2）平面布局。盐神庙坐东向西，只有一进，是四合院布局，整体由山门、戏台、厢房、院坝、正殿、偏殿等组成。庙宇建在山坡上，采用由西向东"筑台"的方式消化高差，建筑群因此逐级抬高，具有鲜明的庙宇特色（图4-58：A、B、C）。

（3）空间构成。

①山门。山门正上方悬有匾额一块，两侧还有一副对联，上书"味中居上品，天下第一观"（图4-58：D），足见罗泉盐业在古代巴蜀地区的重要地位。山门虽不大，但其屋顶采用三重檐，翼角高翘，站在庙前的长街上，能深深感受到山门的庄严。

②戏台与院坝。进入山门，头顶的门内楼就是戏台，由八根硕大的圆木柱架在半空，人可从戏台底下进入露天的院坝（图4-58：E）。院坝两侧各有五间厢房，主要供以前上戏台表演的伶人休息，厢房与架空的戏台平齐，由院廊连接起来，进入院廊需从戏台两侧的楼梯上去。整个院坝高低错落，别有趣味。旧时，罗泉人特别是盐业人员经常坐在这个露天院坝或趴在院廊上看演出，好不热闹。

③正殿与偏殿。露天院坝正前方有13阶半室外台阶，直通正殿，正殿位于盐神庙的最高点，是整个庙宇空间的高潮也是收尾（图4-58：F）。殿内均布着四根大柱，柱前供奉着三尊神位，主祀盐神管仲，关羽和火神附祀左右——这在中国是绝无仅有的。罗泉盐商们奉管仲为盐神是有历史来源的，《续文献通考》记载："三代之时，盐虽入贡，与民共之，未尝有禁法。自管仲相桓公，始兴盐策，以夺民利，自此后盐禁方开。"管仲创设了有关食盐的专卖制和禁私法，影响了之后两千余年各朝各代的盐法制度，故被奉为盐神。正殿两侧各有一个小门通往偏殿，分别是三官堂和功德堂，堂内以小天井为核心分配空间，布局小巧精致，专供盐神庙的管理人员和贵宾居住（图4-58：G）。

（4）装饰艺术。盐神庙正殿屋脊的装饰是点睛之笔，主脊长约40米，正中间竖着一个琉璃陶瓷宝葫芦，两侧各有两条彩龙缠绕在一起昂首向着天空，构成一幅生动的群龙嬉戏夺宝图，虽经百年风吹雨打，屋脊的装饰色彩尽皆褪去，但形象仍栩栩如生。屋顶的翘角上挂有铃铛，风一吹铃声轻响，屋脊上各式各样的飞禽走兽仿佛都在侧耳倾听，整个屋顶显得别有生趣（图4-58：H）。

除了屋脊装饰，盐神庙内的墙脊也是装饰的重点。在正殿两侧和偏殿两侧的封火山墙上，都是以"五岳朝天"式的歇山屋顶做墙脊，脊上嵌入碎瓷片构成各种纹饰，不同的是，正殿两侧的山墙是五花式的，偏殿两侧山墙是三花式的，但墙体都高出建筑本体，彰显出盐神庙的重要地位。正殿山墙上饰有一把宝剑和一座圆形石膏雕像，据说盐神庙的风水奥妙都隐藏在其中（图4-58：I）。

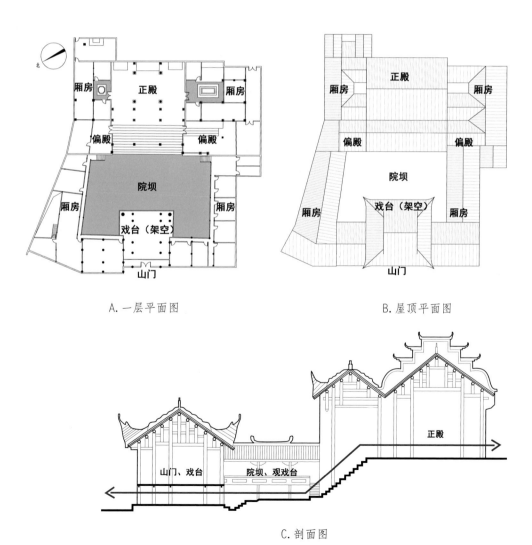

A. 一层平面图

B. 屋顶平面图

C. 剖面图

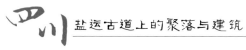

D.山门

E.戏台

F.正殿

G.偏殿

H.正殿屋脊

I.正殿山墙

图4-58　罗泉镇盐神庙

（二）自贡西秦会馆

自贡西秦会馆是自贡会馆中最具代表性的建筑，具有明显的地域建筑文化融合特征。自贡西秦会馆从总体上讲，属于北方派系建筑，但由于身处巴蜀地域的大环境中，许多细部建造方式又深受南方建筑风格和巴蜀民间工艺的影响。

1. 历史沿革

自贡因盐成市，自汉代开凿富世盐井后即以盐为本，清代有众多外省商人来此经营川盐生意，如山陕商、滇商、赣商、黔商、闽商等，当他们在自贡积累了一定财富以后，便纷纷出资修建同乡会馆，于是自贡老街上便有了滇南馆、西秦会馆、贵州庙、南华宫等建筑。乾隆元年（1736年），山陕商人投资万两白银在自贡修建西秦会馆，历时16年始成，供本籍盐商议事和娱乐。到清末"川盐济楚"时期，山陕盐商在四川盐区的地位达到巅峰，据清人刘蓉介绍："川盐各厂井灶，秦人十居七八，蜀人十居二三。"道光九年（1829年），山陕商人完成西秦会馆的重修，"壮丽倍前"，耗费银两是初建时的三倍，足见其财力雄厚。直到民国初期，西秦会馆仍在正常使用，后来一度被国民党地方当局征用，现被辟为自贡盐业历史博物馆。

2. 建筑情况

（1）建筑选址。自贡西秦会馆落址在自流井最为繁华的商业中心区，离陕西"八大号"的所在地"八店街"仅一步之遥，且临近主街，因此交通也十分便利。此外，其风水常为时人称道。它背靠龙凤山，立于龙凤山山麓中部，而龙凤山绵延至釜溪河畔，如依水之舟。当地因而有俗谚曰："龙凤山像条船，陕西庙立中间，仿佛竖起一桅杆，自流井的钱全搬。"

（2）平面布局（图4-59）。自贡西秦会馆的平面呈矩形，中轴线对称布局，从入口开始依次是武圣宫大门、献技诸楼、大丈夫

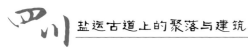

A. 一层平面图

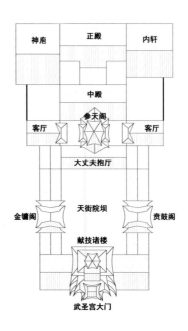

B. 屋顶平面图

C. 鸟瞰图

图 4-59　自贡西秦会馆

抱厅、参天阁、中殿、正殿这些主要建筑。其总共有三进院落：第一进，由天街院坝四周的建筑物构成，在这里武圣宫大门、献技诸楼和大丈夫抱厅形成一个整体，各建筑之间以廊楼相连，构成四合院坝，这里是全区最开阔的地方，也是平常集会的中心；第二进院落以中殿为中心，中殿前方巧妙地加了一个参天阁，与武圣宫大门遥相呼应，两间客厅布置在左右；第三进的核心建筑为正殿，包括神庖、内轩，是主要的祭祀空间。

　　整个建筑群从北到南采用筑台的方式消解高差，建筑与龙凤山山势融为一体，从侧立面看各建筑的山墙和围墙连接在一起，呈现出绵延起伏的立面形态。

　　（3）空间构成（图4-60）。

　　①武圣宫大门。武圣宫大门面阔约32米，采用混合式牌楼门的

A.武圣宫大门

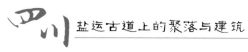

B.献技诸楼正立面

C.献技诸楼回廊

D.大丈夫抱厅　　　　　E.参天阁

图4-60　自贡西秦会馆空间构成

形式。大门开在后列柱的中间，前面由柱子和台阶平台组成，柱子支撑着顶上的门牌楼。门牌楼的屋顶是歇山式，形成精妙的四柱七楼，屋顶飞檐高翘，形如一行人字飞雁展翅天际，让会馆的入口空间显得气魄不凡又精美绝伦。檐下采用如意斗拱，是明清时期巴蜀地区常用的形式，黑漆鎏金，极尽奢华。每个翼角下都挂着一个风铃，迎风而奏，颇有韵味。整个武圣宫大门颇费工巧，独出心裁，造价高昂，有别于绝大多数会馆建筑。

②献技诸楼。献技诸楼与武圣宫大门靠背而立，大体各自独立但屋顶有交错，形成复合建筑。戏楼宽9米，进深8米，共有四层，会馆的内院需从一层架空通道进入，二层是献技楼（戏台），两侧连有回廊，也可用于观戏，三、四层是大观楼、福海楼。献技楼面向内院，福海楼面向大街，大观楼嵌在中间，前后两面开窗，所以从外立面看来献技诸楼只有三层，颇有创造性。献技诸楼的屋顶为三重檐歇山顶，起翘高出武圣宫大门的屋顶翼角，最上层歇山顶正脊加建有一个六角攒尖顶，整体构成一个巍峨的大屋顶，气势磅礴。

③天街院坝与大丈夫抱厅。因屋顶采用多重檐且做得很高，所以大门与戏楼虽然气派但内部空间较为压抑，走过这两处建筑便进入平坦开阔的天街院坝，天街院坝是整个会馆中最重要的公共空间，平时在这里举办观戏和祭祀活动。整个地面用方形的青石板铺砌，并无其他构筑物，视野开阔，使人顿生舒展愉悦之感，院子最前方坐落着一栋2米高的"大丈夫抱厅"，左右植有松树，为这个空间增加了几分庄重感。这样疏密有致的布局体现了会馆兴建者较高的审美意趣，这在盐业会馆中并不常见。

④参天阁与中殿。大丈夫抱厅后的主体建筑是会馆的中殿，面阔五开间，进深六架椽，采用双坡硬山屋顶，且前檐略高于后檐。巧妙的是在中殿与大丈夫抱厅之间加建了一座参天阁，高18米，屋顶采用精美的四重檐六角攒尖，垂脊弯曲，整个屋顶看起来很特别，像一顶帽子，使这个本来不太起眼的空间变成了建筑群里的焦点之一，与同样高耸的武圣宫大门前后呼应。更加巧妙的是，参天阁和后面的中殿间留出空间建了水池小院，从戏楼越过抱厅向中殿方向

望去，中殿连同其后的景观仿若一幅横轴，意境悠远。

⑤正殿。建筑群的最后是正殿，是清道光初年扩建的，殿内供奉山陕商人最为崇敬的关帝像。建筑面阔五间，进深八架椽，作卷棚顶，前檐是两重檐，檐廊下用卷曲天花处理成轩，后檐却只有一重，是借鉴了当地民居"拖坡"的形式搭在了会馆后院的墙上，这既满足了功能需求，又节省了工力。

（4）结构与装饰艺术（图4-61）。

①抬梁式结构。在自贡西秦会馆中，北方抬梁方式被广泛使用，只是在民间工匠们的手里，它有了一些变化。例如西秦会馆中殿的中间梁架，虽然采用抬梁式，但在最下面的大梁却采用川地做法，即将大梁插入柱中，柱头直接承檩，而大梁上的其他部位又是北方的做法，用雕饰繁复的驼峰状短柱承梁，梁头上再架檩，乍一看是正规传统的抬梁式，华丽气派，其实暗藏机巧，结合了地方特色。

②屋顶。在自贡西秦会馆的屋架构造上也可找到一些北方建筑派系的做法，比如多用方椽，且用材明显厚于南方常用的桷板，这使得椽之间的距离明显较南方小，屋顶因此显得更为厚重，不及南方的轻巧。但其又像南方地区那般不设板栈，因此其自重不像北方屋顶那么大，同样可用穿枋出挑。其歇山顶翼角起翘的做法也是南方常见的，与北方因降雨少而屋顶翼角较为平直不同，这种屋顶翼角高挑灵动，不仅可以将雨水抛得远一些，而且更能彰显华贵气派。

③斗拱。斗拱在巴蜀地区非常少见，自贡西秦会馆建筑中的出檐基本上全是用斜撑出挑，只有中殿出现了斗拱，但由于中殿屋顶采用的是北方方椽，不仅椽与椽距离较近，而且出挑不足一米，这使椽本身的承重能力大大加强，根本不必以斗拱承托。其斗拱采用清式做法，每跳才几寸距离，且只有最下方栌斗和第一层华拱有做额枋，其余部分都减省成两块雕有卷云纹的枋子，可见自贡西秦会馆中的斗拱只是袭用了北方建筑的符号，在此是纯粹的装饰构件。

④石材选用。在石材的选用上，自贡西秦会馆完全采用上等青石和特制的45厘米长、15厘米厚的青白大方砖，会馆内的石阶、石栏板等无不显得气派非常，淡雅庄重。而许多其他的自贡会馆常

常使用自贡盛产的砂石，其石质偏松，色泽泛黄，在耐用性、外观等方面无法与西秦会馆的上等青石相比。

A. 屋顶翼角

B. 檐下斜撑及斗拱

C. 石栏板

图 4-61 自贡西秦会馆结构与装饰艺术

四川盐运古道沿线建筑建造特色分析

一、制盐建筑与民居建筑营造技艺的相通性

四川的井盐生产活动至少从秦代就开始了，目前有关制盐建筑最早的图像资料出现在东汉盐场画像砖上，这些建筑是巴蜀建筑中最原始的一类。当我们仔细观察画像砖、《天工开物》、《四川盐法志》等资料上的井盐图时，不难发现制盐建筑的营造技艺与古代巴蜀民居的营造技艺相通，两者有许多类似之处。

首先是制盐建筑中频繁出现的茅草屋顶，车房、乘桥、碓房等都采用了这种建造方式（图4-62）。杜甫在《茅屋为秋风所破歌》中写道："八月秋高风怒号，卷我屋上三重茅。"在诗人的笔下，贫穷人家的茅草屋顶是易吹散的，但其实茅草屋顶如果建造得当，用料扎实，是可以比较稳固的，而且屋内冬暖夏凉。在古代有专门负责搭建茅草屋顶的工种——苫匠，属于五大匠之一（其余是木匠、泥水匠、铁匠、石匠），其工艺不逊于砖瓦、木材屋顶，可惜随着茅草屋顶的过时，现今只在胶东半岛的小部分地区才能见到专门的苫匠。古代大多数乡野的百姓居住的都是茅草屋，最大的原因是材料易获取、建造工时短，而且住久了可以更换新茅草。以四川拉祜族的木掌楼为例，最快一两天就可以建出来，茅草一般来自每家每户自己种的茅草田，需要使用时就割下来捆成一扎扎的，铺设在屋顶檩条与椽子搭设的十字网架之上（图4-63）。

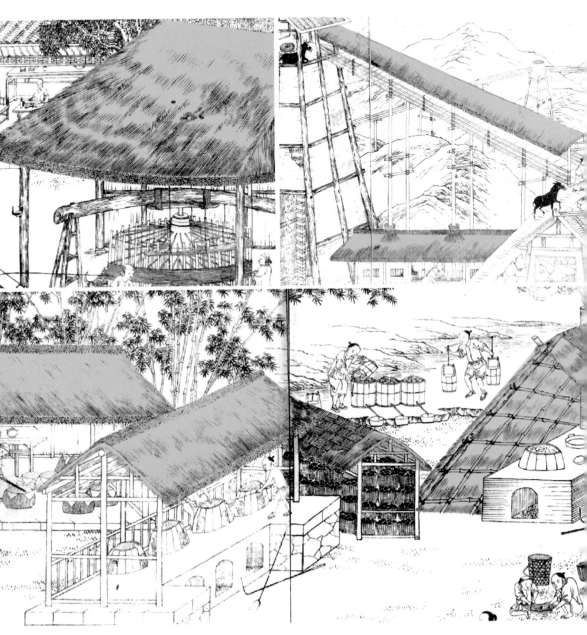

注：据光绪《四川盐法志》相关插图整理。

图4-62　制盐建筑中的茅草屋顶

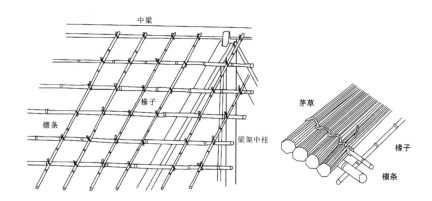

图 4-63　茅草屋顶网架及节点示意图

　　其次是绑扎手法，在天车、乘桥和灶房等制盐建筑的支撑结构上都使用了这种手法（图 4-64），构件之间用竹篾、茅草绑扎固定，不同节点的处理手法也不尽相同。绑扎手法虽然在四川汉族建筑中比较少见，但在傣族、彝族、傈僳族等民族建筑中常被用到，因其民居的梁柱受力体系简单，除了大构件用榫卯连接，其余都用竹篾、茅草等当地自然纤维材料绑扎，绑扎方式并没有统一定式，不同的工匠有不同的习惯。拉祜族的工匠告诉笔者，他们就是用竹篾一圈圈缠绕节点，最后也无需打结，直接把尾部塞进绑好的部分就可以保证不松散（图 4-65）。笔者推测，制盐建筑中频繁出现茅草屋顶和绑扎手法大概也是因为取材、施工方便，随时就能搭建好。

　　最后就是穿斗式构架，这是巴蜀民居建筑中最常用的结构形式——在保证结构紧密、整体稳定性好的前提下，其用料节省且施

注：据光绪《四川盐法志》相关插图整理。

图 4-64　制盐建筑中的绑扎手法

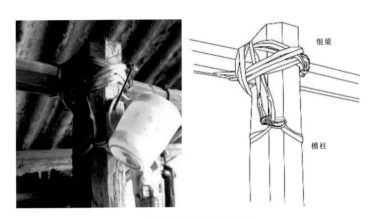

图 4-65 拉祜族民居的绑扎节点

工方便（图 4-66）。不过，因为穿斗式构架也有不能形成连贯空间的弊病，所以四川有些大型民居和公共建筑会采用穿斗抬梁混合式构架。穿斗式构架稳定性好的优点在制盐建筑中体现得尤为明显，车楼就采用了倾斜式穿斗构架，一般高达十余米，相当于现在四五层楼高。其不仅能承受盐工、盘车、力畜等的重量，还要支撑乘桥的部分重力，可见这种结构的稳固性（图 4-67）。

图 4-66 武胜县沿口镇民居的穿斗式构架

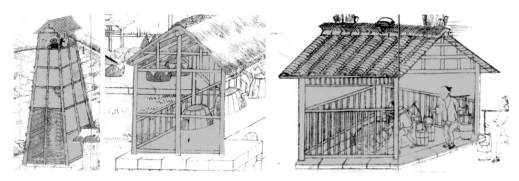

注：据光绪《四川盐法志》相关插图整理。

图4-67　制盐建筑中的穿斗式构架或穿斗抬梁混合式构架

二、四川盐运古道沿线建筑的结构材料与构造做法

木、砖是四川盐运古道沿线建筑中最常见的结构材料，且多采用质量上佳的木材和砖料——倘本地缺少，则采购于外地。究其原因，是长期来往于盐运线路上的盐商们方便在途中采购合适的建材，而他们在私宅和会馆建设中，尤其是会馆建设中，不吝使用名贵材料。

（一）木构建造（表4-8）

四川盐区的建筑基本都是木结构体系。就木结构特征而言，四川盐运古道沿线建筑普遍采用穿斗式构架，其轻盈稳定的特点适用于四川及周边地区的各种地势，特别是在坡地处如五通桥花盐街的内巷、西沱天街等，盐商宅居和盐店铺大多采用穿斗式构架，制盐建筑除了个别大车房，也基本采用穿斗式构架。不同的盐业建筑根据空间的大小采用五架、七架、九架的穿斗式构架，一些大型盐商私宅的正房也有用到十一架的。

基于拓宽空间的考量，北方盐商所带来的抬梁式构架也在一些较讲究的厅堂中使用，但在工艺上稍有区别，北方的梁柱接头是将梁头搁置在柱头上，用梁头承檩，四川则是将梁头插在柱中，由柱直接承檩，前者更美观，后者更简洁。而更常见的是穿斗式和抬梁式混合使用，既轻盈又美观，有的盐商宅居和盐业会馆里进深大的厅堂，中间是抬梁式，两边的山墙则用穿斗式。

表 4-8　四川盐运古道沿线建筑的木构架

木构架类型	范　例	构架示意图
穿斗式构架	花盐街某盐商宅	十一架长短坡
	大顺灶卓筒井盐工庐舍	九架五柱带前廊
抬梁式构架	李庄东岳庙	九檩抬梁带前廊后厦
	盐商私宅李氏庄园	九檩抬梁

（续表）

木构架类型	范 例	构架示意图
混合构架	![大昌衙门的九檩抬梁（中间）与十一架五柱穿斗（山墙）] 大昌衙门的九檩抬梁（中间）与十一架五柱穿斗（山墙）	—
	![洛带江西会馆的九檩抬梁带前廊后厦（中间）与九架五柱穿斗（山墙）] 洛带江西会馆的九檩抬梁带前廊后厦（中间）与九架五柱穿斗（山墙）	—

（二）砖构建造（表4-9）

在四川盐区的盐商宅居建筑中也能见到砖墙，如围墙、山墙、封火墙等。稍有家底的盐商在建私宅时，外墙面都会选择用质量上乘的小青砖砌成清水墙，既整洁干净又防水，经年不坏，有些还在青砖墙里混搭红砖，使墙面更有美感。到清朝后期，有的盐商宅居开始使用红砖砌整面墙，虽然同青砖墙一样稳固，但古代红砖里的杂质比青砖多，制作时又少了一道淋水冷却工序，所以红砖易破损，时间久了墙面就不平整了。

部分盐商宅居面积很大，因此会和盐业会馆一样采用空斗砖墙来节约砖料，其工艺复杂，同实墙一样稳固且更隔音隔热。还有一些盐商为了美观，会在家中布置花砖墙，常见的有漏窗墙、漏砖墙和砖花墙三种。这一做法也常出现在盐业会馆中。一些豪华的盐商宅居和盐业会馆在入口和山墙处还常用到包框砖墙，其墙框犹如一块画框，壁心处饰有雕刻、绘画等，气派又不失雅致。

表4-9　四川盐运古道沿线建筑的砖墙

砖墙类型	适用建筑	范　例	
青砖实墙	盐商私宅	五通桥紫藤花园的山墙	五通桥何家大院的入口南墙
红砖实墙	盐商私宅	邓井关老街某盐商私宅的入口南墙	贡井河街某盐商私宅的院墙
空斗砖墙	大型盐商私宅、盐业会馆	上庸盐商私宅三盛院的山墙	龙潭盐业会馆万寿宫的入口院墙
花砖墙	盐商私宅、盐业会馆	五通桥盐商私宅蒋氏宅的入口南墙	洛带盐业会馆万寿宫的外墙面
包框砖墙	大型盐商私宅、盐业会馆	盐商私宅龚家宅的入口南墙	罗泉盐神庙的山墙

（三）竹编夹泥墙

在四川盐区建筑中还有一种颇具乡村特色的建造物——竹编夹泥墙，常见于中小型盐商宅居和盐仓中，一般用于山墙和入口南墙（图4-68至图4-70）。这种墙成本低廉却美观，做法是用柱枋将墙面分成多个块区，在里面填充竹编材料，最后刷上泥灰粉，也可以不刷将竹编露出来，其具有不容易开裂的特点。对于储盐的盐仓来说，紧密的竹编既能隔绝巴蜀地区的水气，又利于通风，使盐包不易受潮，是一种颇具地域性的建造形式。

图4-68 邓井关老街某盐商 私宅的山墙　图4-69 五通桥花盐街盐仓的 山墙　图4-70 盐商私宅刘氏宅的入 口南墙

三、四川盐运古道沿线建筑的装饰艺术

建筑装饰在古代建筑营造中是非常重要的部分，蕴含着大量地域文化信息，是财富和身份的象征。由于古代四川盐业经济发达，盐商普遍富有，所以在四川盐运古道沿线建筑中可以广泛看到技术高超、风格瑰丽的建筑装饰艺术，以装饰工艺划分其主要有木雕、石雕、砖雕、灰塑、瓷贴和油漆彩画六种类型，分别应用在不同的建筑部位（表4-10）。

木雕在以木构体系为主的盐业建筑中应用最广，它能将古朴的建筑构件变得轻巧华美，常用于门窗、柱头、垂花、梁枋、栏杆等，题材丰富，多见瑞兽、花鸟和人物。木雕又分线雕、浮雕、镂雕等技法，其中镂雕是最能体现技艺水平的，有些会在构件上进行全方位雕刻，使之几乎失去结构受力功能而成为一件艺术品。

石雕工艺难度大、价格昂贵，在盐业建筑里只用于一些局部如柱础、栏板、抱鼓等，其中石柱础和石抱鼓最多，几乎所有会馆都会用到，但目前笔者只在自贡西秦会馆里见有石栏板，而且是整块雕饰的青石板，足以证明在川经营的山陕盐商拥有远超一般盐商的财富。石雕技法与木雕相似，如线雕是在石面上将图案凸显出来，而结构独立的题材一般用圆雕，比如入口的石兽、石抱鼓。

砖雕是石雕的变体，比石雕经济但工艺难度不减，对工匠的手艺要求很高，需要根据图样对单块青砖进行加工，再拼合成完整的图案，常用在一眼就能看到的地方如照壁、门额等，因此采用砖雕成为盐商夸耀财力的一种手段。

灰塑脱胎于砖雕，与前三种不同，其需要通过湿作业完成，取材和制作都较简单，但更考验工匠的审美。灰塑的花样繁多，应用广泛，在屋顶正脊的脊饰中尤为常见，又因正脊位于建筑最高处，很是显眼，所以正脊的灰塑大多数是寓意吉祥的祥云、宝瓶和飞龙。

瓷贴用在建筑装饰上在广东沿海地区较为常见，而古代四川也曾大量生产窑烧瓷器并运用在各个建筑部位，包括线脚都可以用瓷贴。从笔者调研的盐业建筑来看，瓷贴主要还是出现在屋脊上，同灰塑相结合，即在成型的图案表面嵌入各色碎瓷片，常用清雅的白色和蓝色瓷片。

最后是油漆彩画，四川多漆树，生产的土漆呈黑色，涂在建筑构件上能使之显得更加庄重，而且能延缓木材腐朽，因此在一些大户人家的私宅和公共建筑中会被采用，并且配以描金等以增添色彩。川南地区的盐业会馆还流行色彩鲜艳、红绿搭配的彩画。

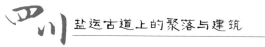

表4-10　四川盐运古道沿线建筑的装饰艺术

类型	建筑部位	范　例	
木雕	门窗	盐商私宅李氏庄园	罗泉盐神庙
木雕	梁枋	龙潭万寿宫	
	垂花	牛佛万寿宫	西沱同济盐店
石雕	柱础	纳水溪禹王宫	自贡陈家祠堂

（续表）

类型	建筑部位	范 例
石雕	栏板	 自贡西秦会馆
砖雕	门额	 盐商私宅三盛院　　　　　李庄南华官
灰塑	屋脊	 自贡天府衙门　　　　自贡大安寨桂花湾宅院
瓷贴	屋脊	 自贡川主庙　　　　　　自贡王爷庙
油漆彩画	栏杆、梁枋	 宜宾滇南馆　　　　　　仙市天后官

四、四川盐运古道沿线建筑风格的互相渗透

各地盐商在经营四川盐业的活动中，会选取一些其经常来往的地点建造大宅和庙宇，除了满足居住和祭祀等功能性需求，还用来彰显自身地位和财富。这些建筑不仅用料讲究，且常常应用兴建者家乡的建筑样式，或是融入通都大邑的时兴工艺。在繁荣的盐业贸易中，各地的建筑工艺与风格沿着四川盐运古道扩散开来，并互相渗透，相互融合。下文以徽派建筑风格对四川盐区的渗透为例作典型性分析。

徽派建筑风格主要是通过"江西填两湖，湖广填四川"和川盐济楚两次历史事件进入四川盐区的。明末清初，大批江西移民迁徙到两湖，大量徽派建筑元素由此出现在两湖地区。以湖北为例，鄂东南（武汉、咸宁、通山一带）是江西进入湖北的重要移民通道，所以沿途出现徽派天井、封火墙的古镇村落很多，如武汉的大渔湾、咸宁的刘家桥等。到了湖北与四川交界的鄂西地区，徽派建筑元素出现率骤降，但在长江、清江、酉水这些水运通道沿线仍可见较多徽派建筑元素，究其原因，主要是两湖移民和川盐济楚中的盐商沿着盐运通道将其带入了四川盐区，尤其是在水道沿线。下文以四川盐区内的酉水和汉江为例，对徽派建筑风格与本土建筑风格的互相渗透作进一步探讨。

（一）酉水流域——干湿天井的演变

酉水流经川、鄂、湘三省，水运发达，郁山及富顺之盐经其往来不绝，其沿岸的众多古镇，如湘西的里耶、洗车河、猫儿滩，渝东南的龙潭、酉酬、后溪，鄂西南的沙道沟、百福司等，虽然地处偏远，但都曾因运盐之利而富甲一方。

天井在南方民居中主要分为"干天井"与"湿天井"，湿天井完全敞开，任雨水和阳光落下来，干天井是在天井上加盖一个屋顶，雨水进不来，但也会影响采光（图4-71）。酉水注入沅江后最后流

注：左为干天井，右为湿天井，中为"半干湿天井"，相关介绍详见下文。

图4-71　干天井、半干湿天井、湿天井的外部和内部

入洞庭湖，在靠近江西的洞庭湖流域，天井的顶盖主要是"抱厅"形式（图4-72），即在天井顶上扣一个高高的双坡或四坡的屋顶盖，顶盖由立柱单独支撑，四周与天井主体结构分离，阳光从顶盖与天井四周坡檐的空当中照射进来，类似于现在的天窗，这是由江西、安徽移民传入并根据当地气候改良后形成的，也属于"干天井"的一种。当其传播到川、鄂、湘交界的酉水流域，由于此地潮湿多雨，室内一旦长期采光不佳，很容易导致阴湿发霉，于是其顶盖形式又为之一变，与当地土家族、苗族风雨街形式结合，屋顶盖不再闭合，中间留出适当空隙，或盖上亮瓦，使阳光能够照射进来，形成"半干湿天井"样式，比较典型的例子可在里耶、洪江、龙潭、洗车河等古镇见到。

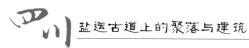
最特别的是里耶古镇，由于处在从湘入渝的主要通道上（湘、渝之间被武陵山脉阻隔，里耶位于被酉水冲开的山脉缺口上），自古便是两地文化交融的重要地段。里耶古街上大大小小的商铺鳞次栉比，临街建筑的房屋大多是前店后宅两进式三开间的木房子，每户之间均建有青砖封火墙，大户人家的宅子尽是庭院深深的天井屋，当地人称之为"印子屋"。有些大户人家的天井内还会在二层增设横跨天井的廊桥（图4-73），如同现代中庭设计中的"天桥"，配合从顶盖亮瓦中射进的阳光，形成"半干湿天井"，繁富而奇异的空间感令人震撼。

图4-72　大围山镇锦绥堂的抱厅　　　图4-73　里耶镇民居的"天桥"
　　　　　　　　　　　　　　　　　　　　　　式半干湿天井

（二）汉江流域——双坡檐屋顶的演变

汉江是川盐进入鄂西北的重要通道，大宁及云阳之盐部分是通过陕西的紫阳、安康运至汉江，再顺江而下进入鄂西北地区。明清以来，鄂西北的汉江流域既有淮盐商人（主要是徽商）活动，又有川盐商人活动，在清中晚期以后，才主要由川盐商人主导鄂西北市场，但川盐商人中本身就有大量徽商，因此汉江沿线有许多具有移民特征的古镇，镇中大量存在着一种双坡檐和封火墙相结合的独特建筑类型，具有非常典型的南方建筑形式与巴蜀地域文化交融的特征。

以陡河与汉江交汇处的十堰市黄龙镇为例。此地是今鄂、豫、陕、渝四省市交界处，是十堰市的西大门，明清时期因陡河水运兴盛，经此可转运食盐和布匹并外销土特产，所以商贾云集、街市繁华，被人们誉为"小汉口"。从镇上老街现存的民居来看，双坡檐与封火墙结合的建筑形式非常常见，这种形式丰富了民居立面的装饰效果（图4-74）。

图4-74　十堰市黄龙镇的双坡檐封火墙

无独有偶，从黄龙镇下行到汉江边上的谷城县城关古镇以及丹江口市浪河古镇，这种双坡檐加封火墙的独特形式一而再、再而三地出现（图4-75）。特别是谷城县，位于汉江与南河的交汇处，至今仍有保存完好的商业古街，据当地老人讲此地曾经有专门的"盐街"。古街仍保留着明清时期的建筑风格，封火墙、天井、双坡檐、前店后宅式商业建筑格局，无一不显示着曾经的繁荣。

图 4-75　谷城县城关镇老街、丹江口市浪河镇老街的双坡檐封火墙

　　其实双坡檐形式在两湖及北方地区本来都非常少见，这些地区绝大部分屋檐都是单坡且无封火墙的（图 4-76）。正是徽商的参与，将双坡檐这种构造带到了汉江流域，使这一地区川盐古道的商业街道两侧出现了融徽派建筑的封火墙、双坡檐和巴蜀山地建筑的大屋檐于一体的形式，并成为汉江流域所特有的建筑构造。

　　四川盐区除汉族以外，还分布着以苗族、侗族、土家族等为主的少数民族，历史上两次大的移民事件促成民族文化与地域文化的

图 4-76　孝昌县小河镇老街的单坡檐

融合。如酉阳的龚滩、忠县的西沱，其在民居建筑和习俗文化上都受到土家族、苗族的影响，沿山地修建的民居大多建在多层叠砌的石坎上，有的柱网埋在石坎中，有的内部也是干栏结构，二楼又模仿土家族挑廊式吊脚楼的做法向外架空挑出一条外廊，底部由挑枋承托，显得轻巧雅致，呈现出多民族建筑风格交融的特性。又如恩施利川的大水井古建筑群，虽是土家族建筑，却多处表现出典型的徽派建筑风格，建筑布局讲究，结构精巧，雕刻细腻，而柱头又是典型的"民国假欧式"造型——显然是后期改建的。这无不反映出不同文化因素对地域建筑产生的影响，从而使得四川盐运古道上的聚落与建筑出现了更为丰富多彩的一面。

第五章

四川盐运活动的影响与启示

四川盐运分区与建筑文化分区

　　如前所述，四川盐区内部还存在许多次级盐区，如本省计岸、湖北计岸等，而在差不多的范围内，建筑文化也可划出川南、川东、川北、川西、陕南、峡江、鄂西北、鄂西南等分区。对比分析清代四川盐运分区（参见图2-1）与传统民居分区（图5-1），可窥见两

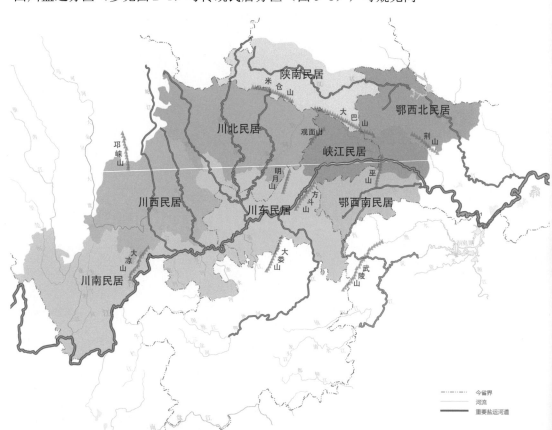

注：该图未反映贵州边岸、云南边岸及济楚岸中湖南地区的情况。

图5-1　四川盐区传统民居分区

者之间具有一定共性，笔者认为出现这种情况主要是因为其都受到
以下两点因素的共同影响。

一、地理环境

地理环境是影响四川盐运分区形成的主要因素。清代官府在划
分盐运分区时除了参考行政区划和产盐量，还重点考量各地的地理
环境和交通便利程度，因此许多崇山峻岭，尤其是那些常人难以跨
越的山脉往往成为划分盐运分区的天然界线。

地理环境同时影响着四川建筑文化的分区。西南地域广阔，具
有不同地貌特征和社会条件的区域，其建筑风格也判然有别。例如：
与云贵接壤的川南地区，因常年遭受兵乱而盛行寨堡式民居；土地
平坦肥沃的川西平原衍生出集生产、生活与景观功能于一体的"林
盘"；山势陡峭的峡江地区，为解决用地局限的问题而形成台院式
山地四合院；等等。

二、盐商活动

事实上，盐运分区和线路体现的是以盐商为主体的贸易活动。
清代施行的纲商引岸制度固定了食盐销区与运销线路，大量盐商经
年累月行走于盐产地与盐销地之间，并将自己从事盐业积累的巨额
财富以宅院、商铺、会馆、书院等各种建筑实体形式具现出来，从
而使得盐业贸易活动对盐区内的建筑文化传播与交流起到积极的推
动作用。由于食盐的必需性、盐业贸易的广泛性和盐业利润的丰厚性，
在古代，盐业活动所造成的这种建筑文化跨区域交流传播的现象就
更为明显一些。

四川盐运古道的现实价值

一、科学实践价值

四川盐运分区经过清代的变革，有了非常大的变化，不再只取决于行政区划，而是充分结合山川形势和水陆交通等因素进行划分，并能根据实践情况进一步优化调整，因而具有很强的科学性和实践性。譬如，改革后的四川盐区之所以广泛存在"跨区吃盐"的现象，正是因为许多盐区分界线的形成都是综合考虑行政管理、地方经济、交通条件等情况的结果。是以四川盐运古道不仅反映了简单的平面地理关系，还蕴含了更加丰富的地理空间信息。此外，如前所述，盐区的划分还影响了建筑文化的分野，由此结合历史地理知识，我们能对古代商贸运输有更深的认知，对地域文化与建筑学的关系有进一步思考。

二、遗产保护与研究价值

四川盐运古道作为古代持续刺激川、鄂、湘、黔等诸多区域间经济、文化互通互融的重要通道，沿线分布着许多曾经发挥过重大影响的经济、文化空间，不仅是繁荣的经济线路，也是名副其实的"文化线路"，留下了许多珍贵的文化遗产。

2021 年在全国两会上提出的《关于加强我国"文化线路"文物保护的提案》指出，目前我国"文化线路"文物保护工作有四个问题亟待解决。第一，"文化线路"遗产保护事业才刚起步，很多"文化线路"遗产资源家底不清；第二，国内城市化、市场化的快速发展对"文化线路"遗产保护利用带来巨大挑战；第三，全球范围内的地壳运动、气候变化、环境污染等因素导致"文化线路"遗产面临着严峻的生存威胁；第四，一些未能合理避让的基础设施建设使"文化线路"的整体性遭到破坏。[①] 根据该提案的内容可以发现，保护"文化线路"遗产的难点并不在技术层面，而在研究和管理层面，而这些问题的源头是相关单位缺少对"文化线路"遗产资源的全面调查。笔者团队经过多年的田野调研和文献资料梳理，基本摸清了四川盐运古道这条文化线路的范围和历史脉络，并对区域内重要的遗产节点元素——聚落与建筑及相关的非物质文化遗产进行了整理（表5-1）。

表 5-1 四川盐运古道文化线路的保护内容

遗产分类		具体内容举例	数量统计	遗存状况
物质文化类	聚落	产盐聚落（盐场）	自贡盐场、大宁盐场、云安盐场、罗泉盐场、郁山盐场、开县盐场等	25+N	局部盐业遗址留存
		运盐聚落（驿站、码头）	西沱古镇、仙市古镇、罗城古镇、大昌古镇、福宝古镇、龙潭古镇、恩阳古镇、沿口古镇、尧坝古镇、龚滩古镇等	逾百	大部分留存
	建筑	盐业官署	总督行署、盐茶道署、盐大使署、盐关等	60+N	基本消失
		制盐建筑	盐井、火井、天车、马车、灶房等	逾百	部分留存
		盐商宅居	张家花园、李氏庄园、大安寨、盐店等	26+N	部分留存
		盐商书院	斗瞻书院、通材书院、三台书院等	8+N	基本消失
		盐业会馆	西秦会馆、桓侯宫、万寿宫、天后宫等	逾百	部分留存

---

① 《民盟中央：关于加强我国"文化线路"文物保护的提案》，中国共产党新闻网，epc.people.com.cn/n1/2021/0227/c436820-32038421.html。

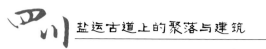
（续表）

遗产分类			具体内容举例	数量统计	遗存状况
物质文化类	文字及图像资料	官方志书	《四川盐法志》《川盐纪要》《四川盐政史》《清盐法志》等	10+N	基本留存
		碑刻及画像砖等	邓关《富顺县邓关运盐船业同业公会会所修建碑序》、盐源县骡马堡"润盐古道"题刻、东汉盐场画像砖等	5+N	部分留存
非物质文化类	技术	凿井工艺	大口浅井、卓筒井、岩盐钻井水溶开采等	4+N	部分留存
		汲卤工艺	天车建造、车盘汲卤、马车建造、乘桥搭建等	7+N	部分留存
		输卤工艺	竹枧输卤、过篊输卤、沟渠输卤等	3+N	部分留存
		熬盐工艺	天然气熬盐、柴火熬盐、炭火熬盐、卤水沉降过滤等	9+N	部分留存
	民俗	盐业节会	绞篊节、牛王会、自贡灯会、放水节等	10+N	大部分消失
	文学艺术	传说	廪君的传说、开山姥姥、白鹿引泉、梅泽造井、白兔井、盐神管仲等	10+N	部分留存
		诗赋	《蜀都赋》《三都赋》《金盐说》《蜀盐说》等	15+N	基本留存
		文人笔记、小说	《慎余堂》《自流井记》等	6+N	基本留存
	饮食	盐帮菜	王氏豆腐鱼头、盐叶子牛肉、雪花羊肉、灯影牛肉、退秋鱼等	35+N	部分留存

三、文化旅游价值

作为连接、推动四川内部及其与周边地区互通互融的重要文化线路，四川盐运古道沿线的聚落、建筑遗存蕴含着丰富的文化内涵。对于这条"文化线路"进行单一的保护并不是最好的方案，在严格保护的基础上适度开发，才能"活化"遗产并充分发挥其价值，其中"文旅融合"是保护"文化线路"遗产的重要方向。事实上，自"川盐古道"被提出以来，四川已经有不少地区积极围绕盐文化做文章。其中最典型的是自贡市，经过多年深耕，已经成为享誉中外的"盐都"。还有一些在现代化浪潮中"落伍"的小镇如习水县的土城古镇、合江县的福宝古镇等，在深度挖掘本地盐文化并主要通过盐业建筑遗存进行呈现后，都吸引了不少游客前来参观（图5-2）。

图5-2 土城盐号兼赤水河盐运文化陈列馆

除了聚落和建筑，千年盐业生产活动也衍生出许多与之相关的民间风俗，如巫溪县的"绞篊节"源自大宁盐场输送卤水这一生产活动；自贡的"放水节"是当地在正月枯水季扎堰蓄水后开闸时庆祝盐船远行的活动，后来成为当地仅次于除夕的重要节日；西沱镇因盐运而兴，过去经常在天街上表演"西沱牛"等节目。这些会节都是古代盐业劳动者表现内心欢愉的形式，在当代重现这些节日既能还原古代盐业生产活动的真实面貌，又能向游客传达良好的精神寓意。

另外，"民以食为天"，因为井盐的开采和流通，各地盐商会集一地，开发出许多与盐相关的美食，如自贡的盐帮菜、柏杨坝镇的卤水豆腐等，这些都能在当代旅游活动中发挥重要作用，实现文旅融合发展。

两千多年来，川盐一直是中国井盐的代表，其特殊的地下井盐开采技术使四川这个内陆地区，无需依靠海洋、盐湖就可以解决人的吃盐问题。四川至少从汉代起就利用天然气烧灶煮盐，生产技术远比海盐、池盐等其他盐区高超，这使得川盐产量更高，行销范围更广，于四川之外还远销鄂、滇、黔、湘、陕等地。清末川盐鼎盛时期盐税收入就占四川总税收的60%，可以说四川盐业是古代中国最重要的产业之一，对于古代中国西南地区经济社会的发展尤其是盐运古道沿线地区的城镇布局、建筑形式和建造技术有着深远的影响。

在十几年的调查和研究过程中，笔者经常在想，在这两千多年间，如果没有盐，这些城镇、建筑、技术会是什么样子？今天，对于四川盐运古道这条文化线路丰富内涵的深层研究尚待更多学科学者的关注与深耕，对于它的保护利用更期待广大社会公众的大力支持与参与。

附录

四川盐区部分盐业聚落图表^①

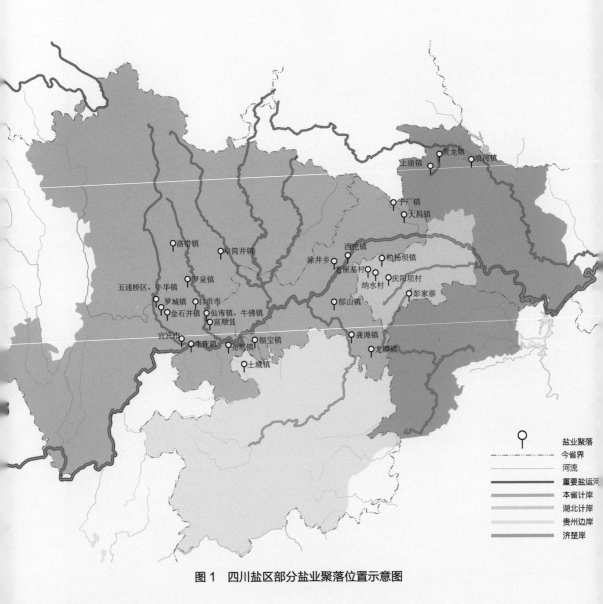

图1　四川盐区部分盐业聚落位置示意图

---

① 　本图表仅呈现了笔者团队在四川盐区所调研的部分有代表性的盐业聚落。

表 1　四川盐区部分盐业聚落概况[①]

所属省份	聚落名称	位置概况	聚落图照	聚落简介
重庆市	※巫溪县宁厂镇	位于大宁河支流后溪河的两岸		过去是大宁盐场场治所在地，自古因天然盐泉涌出而聚集了大量人口，后围绕盐泉发展形成大宁盐场，生产的盐可经大宁河过大昌镇进入长江。在两次川盐济楚中发挥了重要作用，聚落内现存盐泉龙君庙遗址、半边街、观音庙等
	□巫溪县大昌镇	位于大宁河畔，是大宁盐场生产的盐进入长江中转站的重要中转站		该聚落凭借运输大宁盐场的盐而兴盛，至清末已经发展为城池规模。21 世纪初，由于蓄水工程，原址被大宁河淹没，聚落整体搬迁至宁河村
	※忠县涂井乡	位于长江支流汝溪河下游		始建于宋，富有盐泉，现在汝溪河两岸还分布着大量蓄卤池、盐灶等盐业遗迹
	□石柱县西沱镇	位于长江沿岸，是川盐销往鄂西地区的重要中转地		古镇初临江而设，后缘山势向上扩建，形成大致垂直于长江、沿山脊蜿蜒向上的聚落格局。清乾隆年间，在此设立巡检司总管川盐销鄂事务。聚落内现存下盐店、同济盐店、桓侯官、江西会馆等盐业建筑

①　表中符号"※"代表产盐聚落，"□"代表运盐聚落。

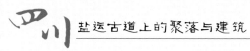
（续表）

所属省份	聚落名称	位置概况	聚落图照	聚落简介
重庆市	※彭水县郁山镇	位于郁江岸边，盐泉众多		当地自东汉起利用盐泉制盐，全盛于清，曾有"万灶盐烟"，聚落周边水域名称多与盐业有关，如后灶河、中井河。聚落内现存盐泉、盐灶遗址等
	□西阳县龙潭镇	临龙潭河，是川盐向周边运输的重要水运口岸		古镇曾遭大火而全毁，于清代乾隆年间复建于他处，经川盐济楚而发展繁盛，古建筑保存较好，是现今重庆规模最大的清代古镇。聚落内现存老街、万寿宫等
	□西阳县龚滩镇	位于乌江和阿蓬江的交汇处，是清代川、鄂、湘、黔交界地带重要的水运中转点		古镇有1700多年历史，因地处水运交通要道，一直是川盐外销的重要口岸，后因兴建水利工程而整体搬迁复建。聚落内现存石板街、半边盐仓、西秦会馆等
四川省	□宜宾市区	位于长江与岷江的交汇处，是川盐水运的重要口岸		曾是犍为、乐山等盐场生产的食盐外运的必经之地，也是历史上重要的商贸城镇，现存滇南馆等盐业建筑

（续表）

所属省份	聚落名称	位置概况	聚落图照	聚落简介
四川省	□ 宜宾市李庄镇	位于长江南岸，是当地重要的水运物资集散地		该聚落既是盐运线路的节点，也是重要的移民商贸集镇，原有"九宫十八庙"，现存禹王宫、南华宫、天上宫等
	※ 资中县罗泉镇	位于沱江支流珠溪河旁		古镇因盐而兴，制盐历史可追溯至秦，生产的盐可经沱江水道运至各地，聚落建筑主要分布于一条形似蛟龙的五里长街之上，清代此地曾有"九宫一寺八庙"，现存罗泉盐场遗址、盐神庙等
	□ 合江县尧坝镇	位于四川与贵州的交界处，是川盐销黔的重要中转点		清代川黔两地交换的大宗货物（如盐、茶等）从赤水河中段起岸后会先驮运至尧坝，再转运到泸县。聚落主体是一条由盐道形成的古街，现存东岳庙、大鸿米店等
	□ 合江县福宝镇	位于川黔交界地带，临浦江河，是川盐销黔的重要水陆转运点		古镇依山而建，由数条长街组成，其中回龙街是保存最完整的古街，聚落内现存万寿宫、禹王宫等盐业建筑

（续表）

所属 省份	聚落 名称	位置 概况	聚落图照	聚落简介
四川省	□成都市洛带镇	位于成都市龙泉驿区内，是古代四川重要的驿站	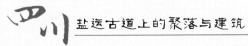	初为驿站，后发展为聚落，明清时期又因大量移民涌入而发展壮大，曾有许多外省商人在此筹建会馆，现存天上官、万寿官、禹王官等
	※大英县卓筒井镇	位于四川盆地中部，盐矿丰富		卓筒井小口钻井技术发明于北宋庆历年间，目前只有卓筒井镇遗存41口，其中大顺灶卓筒井的清代建筑群保存最为完好，而且仍可生产，包括碓房、灶房、盐工庐舍、晒盐坝等
	※自贡市贡井区	盐矿丰富，有荣溪河横贯其间		北周时期因大公盐井而设镇，清末民初为著名的富荣西场所在地。区内有一条古街保存较好，是过去盐商居住生活的地方，现存福源井、东源井等盐场遗迹，天禄堂、张家花园等盐商宅居，以及天府衙门等盐业官署建筑
	※自贡市大安区	盐矿丰富		清末民初为著名的富荣东场生产区所在地。区内现存以燊海井为代表的盐场遗迹，还有盐商集资修建的大安寨、三多寨等堡寨，以及万寿官等盐业会馆

所属省份	聚落名称	位置概况	聚落图照	聚落简介
四川省	※自贡市自流井区	盐矿丰富，有釜溪河横贯其间		清代时曾开辟小溪场，清末民初大部分属富荣东场的商业生活区。区内现存众多以西秦会馆为代表的盐业会馆，以及自流井县丞署等盐业官署建筑，可惜没有完整的盐场保留下来，只有部分制盐建筑遗存
	※自贡市富顺县	盐矿丰富，水运交通也非常发达，位于沱江和釜溪河的交汇处		北周时期即因盐设县，一直是四川的产盐重地，至今仍保留邓井关老街、富顺文庙、富顺县署等古建筑群
	□自贡市仙市镇	位于自贡市沿滩区内的釜溪河畔，是自贡井盐外运的必经之地		聚落由釜溪河畔的盐码头发展而成，会聚了各地盐商，现存天上宫、南华宫等盐业会馆，聚落内的正街与盐码头通过独特的过街楼连接
	※乐山市五通桥区	位于岷江与茫溪河的交汇处，是四川重要的产盐地		五通桥的产盐历史悠久，清末民初更是犍为盐场场治所在地，可惜盐场遗迹已不复存，现存花盐街、工农街等古街，街上有以紫藤花园为代表的盐商宅居以及一些盐仓和祭祀建筑

195

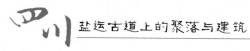

四川 盐运古道上的聚落与建筑

（续表）

所属省份	聚落名称	位置概况	聚落图照	聚落简介
四川省	□ 犍为县罗城镇	位于犍为县东北部，是古时候重要的运盐镇，坐落于山丘顶上		聚落附近没有河流，出于风水上的考虑，明末崇祯年间村民建设主街时将其设计成船形，船形街至今保存完好，街上有古戏楼、灵官庙等
	※ 犍为县金石井镇	位于犍为县的边缘地带，与罗城镇相近		该聚落有3000年以上历史，因开凿盐井时发现一块金黄色石头而得名，但现今较为破败，只保留有沿水古街和千佛崖等古遗迹
湖北省	□ 利川市老屋基村、纳水村	老屋基村位于郁江岸边，纳水村则位于溪（郁江源头之一）旁，两个村落都是楚盐销川途中陆运的重要节点		两个聚落都依山势而建，聚落中常见吊脚楼和四合院结合而成的建筑，颇具民族特色。现存古街、三元堂、禹王宫、关帝庙等古建筑

（续表）

所属省份	聚落名称	位置概况	聚落图照	聚落简介
湖北省	□ 利川市柏杨坝镇	位于奉节与恩施州的交界处，是从云阳、奉节运盐至利川的必经之地		聚落因盐运而繁荣，镇上的古街是由过去盐背夫们走的盐道形成的，当地有名的美食是由卤水制成的豆腐。距离镇中5公里外有大水井古建筑群，现存盐商私宅李氏庄园等
	□ 宣恩县庆阳坝村	位于利川到恩施的陆运盐道上，村旁有一条不通货船的土皇平溪		聚落本身交通较闭塞，但在两次川盐济楚时期，来往于川、鄂、湘之间的盐贩常于此休息，因而催生出一条长约两百米的商业古街，至今保存完好
	□ 宣恩县彭家寨	位于酉水旁的观音山下，是川盐销鄂的水陆转运节点		彭家寨所属的两河口村由于位于酉水和龙潭河的交汇处，一直是商贸聚集地，而彭家寨是此地川盐水运转陆运的中转点，有着鄂西少有的吊脚楼群
	□ 竹山县黄龙镇	位于汉江中游支流陡河旁		古镇因水运兴盛，旧时来往运销川盐、米粮等货物的商贾众多，繁荣非常，建有不少会馆，老街上现存一些明清时期的店铺等

197

所属省份	聚落名称	位置概况	聚落图照	聚落简介
湖北省	□ 竹山县上庸镇	位于苦桃河和陡河的交汇处		该聚落原名田家坝，因水运交通发达，旧时商贾众多，是当地重要的物资集散地。原址因水电站的修建而被淹没，迁建到今上庸镇，聚落内现存盐商私宅三盛院、盐业会馆黄州会馆等
	□ 丹江口市浪河镇	位于汉江中游支流浪河旁		该聚落内有一条明清时期的古街，因水运通达，川盐济楚时期热闹非凡，舟楫不断，古街现今保存完好
贵州省	□ 习水县土城镇	位于赤水河边，是川盐进入贵州省后的重要中转地		盐船行到此地后再改陆运至贵州北部的各地，川盐鼎盛时期聚落内的盐号多达十几家，现存一家盐号旧址、船帮旧址（王爷庙）等

附录二

清代四川井盐生产过程一览 ①

表1　凿井		
工序	图示	文献描述
初开井口	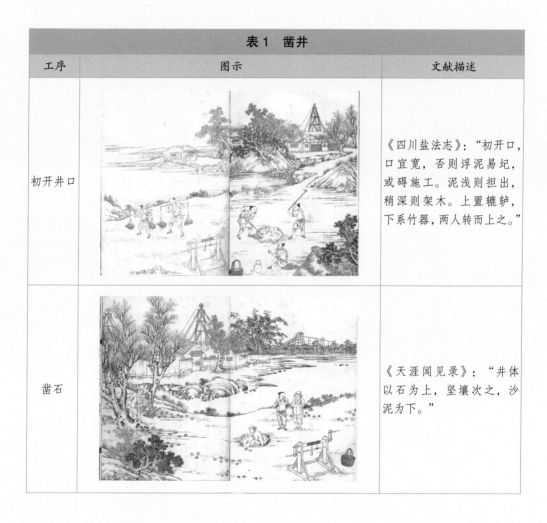	《四川盐法志》："初开口，口宜宽，否则浮泥易圮，或碍施工。泥浅则担出，稍深则架木。上置辘轳，下系竹器，两人转而上之。"
凿石		《天涯闻见录》："井体以石为上，坚壤次之，沙泥为下。"

---

① 据光绪《四川盐法志》整理。表中所列为主要工序，实际中更为复杂。

（续表）

工序	图示	文献描述
下石圈		《四川盐法志》："石圈方二三尺，中穿圆径八九寸或尺一二寸，累数石至数十石，为隔白水。"
锉大口		《风物名实说注》："舷口砌好，即置花滚子踩架，中用一坚实之木以称大锉，谓之碓板。人在踩架上往来跳跃，谓之捣锉，又谓之捣碓。新井则以二人在碓上，以一人在井口转锉；深井则以三人或四人在碓上，仍以一人在井口转锉。"
制木竹		《盐井图记》："竹有木竹、樺竹二种。木竹剖大木二，以麻合其缝，以油灰弥其隙。樺竹出马湖山中。"

（续表）

工序	图示	文献描述
下木竹	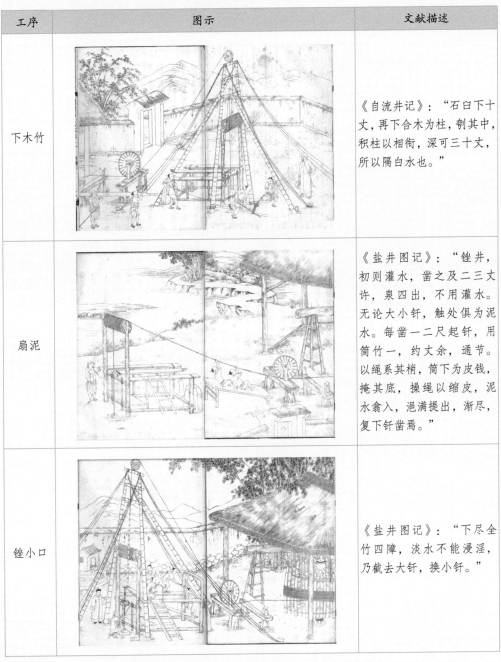	《自流井记》："石臼下十丈，再下合木为柱，刳其中，积柱以相衔，深可三十丈，所以隔白水也。"
扇泥		《盐井图记》："锉井，初则灌水，凿之及二三丈许，泉四出，不用灌水。无论大小钎，触处俱为泥水。每凿一二尺起钎，用筒竹一，约丈余，通节。以绳系其梢，筒下为皮钱，掩其底，操绳以缩皮，泥水翕入，泡满提出，渐尽，复下钎凿焉。"
锉小口		《盐井图记》："下尽全竹四障，淡水不能浸淫，乃截去大钎，换小钎。"

表2　汲卤制盐

工序		图示	文献描述
汲卤	天车汲卤		《四川盐法志》："井既见功。可以汲卤，是日推水。"
	马车汲卤		《自流井记》："小溪之井无火，置枧通水，经十余里至荣溪西岸，覆以石槽，伏行溪水中，达东岸以就龙新两埠之火。"
煮盐	炭火煮盐		《四川盐法志》："今产盐州县，大约煤煮者居多。"
	井火煮盐		《富顺县志》："火井深四五丈，宽径五六寸，中无盐水，气如雾上腾。以竹去节入井中，用泥涂口，家火引之即发，周围砌灶，置锅煮盐，亘昼夜不息。如不用，以水沃之即灭。"

参考文献

一、图书

[01] 王梦庚. 犍为县志 [M]. 刻本. 1814（清嘉庆十九年）.

[02] 严如熤. 三省边防备览 [M]. 刻本. 1822（清道光二年）.

[03] 罗廷权. 富顺县志 [M]. 刻本. 1872（清同治十一年）.

[04] 李榕. 十三峰书屋文稿 [M]. 刻本. 1876（清光绪二年）.

[05] 罗廷权. 资州直隶州志：续修 [M]. 刻本. 1876（清光绪二年）.

[06] 丁宝桢. 四川盐法志 [M]. 刻本. 1882（清光绪八年）.

[07] 高维岳. 大宁县志 [M]. 刻本. 1885（清光绪十一年）.

[08] 黄允钦. 射洪县志 [M]. 刻本. 1886（清光绪十二年）.

[09] 林振翰. 川盐纪要 [M]. 上海：商务印书馆，1919.

[10] 吴受彤. 四川盐政史 [M]. 铅印本. 自贡：四川盐运使署，1933.

[11] 郭正忠. 中国盐业史 [M]. 北京：人民出版社，1997.

[12] 赵尔巽. 清史稿 [M]. 北京：中华书局，1977.

[13] 张学君，冉光荣. 明清四川井盐史稿 [M]. 成都：四川人民出版社，1984.

[14] 贵阳市志编纂委员会. 贵阳市志·商业志 [M]. 贵阳：贵州人民出版社，1994.

[15] 四川省地方志编纂委员会. 四川省志·盐业志 [M]. 成都：四川科学技术出版社，1995.

[16] 四川省建设委员会，四川省勘察设计协会，四川省土木建筑学会. 四川民居 [M]. 成都：四川人民出版社，2004.

[17] 赵逵. 川盐古道：文化线路视野中的聚落与建筑 [M]. 南京：东南大学出版社，2008.

[18] 李先逵. 四川民居 [M]. 北京：中国建筑工业出版社，2009.

[19] 曾仰丰. 中国盐政史 [M]. 上海：上海三联书店，2014.

[20] 曾新. 盐史花露 [M]. 北京：团结出版社，2017.

[21] 曾凡英 . 中国盐文化：第 11 辑 [M]. 成都：西南交通大学出版社，2018.

[22] 成都市地方志编纂委员会办公室 . 志苑集林：第 1 辑 [M]. 成都：四川人民出版社，2019.

[23] 赵逵 . 川鄂古盐道 [M]. 成都：西南交通大学出版社，2019.

[24] 赵逵，张晓莉 . 中国古代盐道 [M]. 成都：西南交通大学出版社，2019.

[25] 杨亭 . 川盐古道与社会整合、国家统制的关系研究 [M]. 北京：科学出版社，2021.

二、期刊

[01] 阿波 . 清初自流井盐的市场开拓 [J]. 盐业史研究，1992(2)：14-16.

[02] 黄国信 . 从"川盐济楚"到"淮川分界"——中国近代盐政史的一个侧面 [J]. 中山大学学报：社会科学版，2001，(41)2：82-90.

[03] 程龙刚 . 民国初期川盐破岸均税制研究 [J]. 盐业史研究，2001(3)：27-35.

[04] 宋良曦 . 自贡盐业会馆的兴起与社会功能 [J]. 盐业史研究，2001(4)：33-37.

[05] 张金河 . 温泉镇井盐生产技术及发展 [J]. 盐业史研究，2002(3)：35-38.

[06] 孙华 . 四川盆地盐业起源论纲——渝东盐业考古的现状、问题与展望 [J]. 盐业史研究，2003(1)：16-22.

[07] 段渝 . 三星堆与巴蜀文化研究七十年 [J]. 中华文化论坛，2003(3)：11-35.

[08] 罗淑宇．清代会馆的行规业律与商品经济的繁荣 [J]．经济研究导刊，2010(5)：241-243.

[09] 张洪林．清代四川井盐引岸法制的运行 [J]．现代法学，2011，33(6)：37-46.

[10] 黄祖军，赵万里．传统技术与地域社会的相互建构：对自贡井盐社区的技术社会学研究 [J]．科学与社会，2014，4(4)：56-67.

[11] 程龙刚，邓军．川盐古道的路线分布、历史作用及遗产构成——基于 2014—2015 年的实地考察 [J]．扬州大学学报：人文社会科学版，2016，20(4)：67-74.

[12] 李剑．传统"盐"作坊建筑文化研究——以四川自贡燊海井井盐作坊为例 [J]．四川建材，2016，42(4)：132-133.

[13] 周聪．浅析清代富荣盐场井盐生产技术 [J]．盐业史研究，2018(2)：67-71.

[14] 卢杨，覃莉．川鄂盐道白菜柱头图形符号意义分析 [J]．铜仁学院学报，2018，20(7)：67-71.

[15] 李严，姚旺，张玉坤，等．丝路聚落与明长城聚落的比较研究 [J]．新建筑，2020(6)：127-131.

三、学位论文

[01] 赵逵．川盐古道上的传统聚落与建筑研究 [D]．武汉：华中科技大学，2007.

[02] 季静兰．清代"川盐济楚"下四川井盐发展研究 [D]．西安：陕西师范大学，2012.

[03] 陈俐伽．基于线性文化遗产视角的蜀道沿线历史城镇保护研究 [D]．重庆：重庆大学，2017.

[04] 刘乐 . 川盐古道鄂西北段沿线上的聚落与建筑研究 [D]. 武汉：华中科技大学，2017.

[05] 文琳华 . 四川盐道古镇空间形态与认知研究——以川滇东部商道为例 [D]. 成都：四川农业大学，2018.

[06] 张晓莉 . 淮盐运输沿线上的聚落与建筑研究——以清四省行盐图为蓝本 [D]. 武汉：华中科技大学，2018.

[07] 俸瑜 . 巴蜀祠庙会馆与场镇空间环境特色探索 [D]. 重庆：重庆大学，2019.

[08] 郭思敏 . 山东盐运视野下的聚落与建筑研究 [D]. 武汉：华中科技大学，2020.

[09] 李雯茹 . 自贡市盐业工业建筑遗产保护与利用现状研究 [D]. 成都：西南交通大学，2020.

[10] 李雯 . 福建盐运视野下的聚落与建筑研究 [D]. 武汉：华中科技大学，2021.